敏捷

在遽變時代，從國家到企業如何超前部署？

AGILITY

How to navigate the unknown and seize opportunity in a world of disruption

里歐・迪爾曼 Leo M. Tilman &
查爾斯・雅各比 Charles Jacoby——著
張簡守展——譯

獻給我們的家人：
感謝他們無條件的愛和支持，
也感謝他們擁有無窮的耐心，陪著我們為敏捷而努力。

各界讚譽

想要成功度過第四次工業革命，實現這波技術升級為人類社會帶來的潛能，「敏捷」是最關鍵的因素。在這本令人心服口服的重要著作中，迪爾曼和雅各比提供了完整的敏捷理論，並提出打造及領導敏捷組織的實務指南。

——克勞斯．史瓦布（Klaus Schwab），世界經濟論壇創辦人暨執行主席

隨著環境日趨複雜、監控力道加劇、時代快速變遷，本書對領導思維的貢獻甚鉅。認清「敏捷」實為企業、產業和軍事成功的重要助力，可說相當重要；能了解如何促進及維持在敏捷狀態，更是關鍵。這本必讀的好書能幫助我們達成這兩項目標。

——馬丁．鄧普西（Martin Dempsey），第十八屆參謀長聯席會議主席

本書論述嚴謹，帶領讀者深入思考。這能促使你提出最根本的問題，檢視自身處境。最重要的是，本書擴大了我們對敏捷的認知，賦予此概念更明確的定義。兩位作者援引多個公私部門和軍事領域的歷史事件及近期案例，為所有類型的組織領導者提供深入淺出的框架，協助其在變化加劇而亟需快速調適的時代中從容應對。

——拉克希米・希亞姆－桑德（Lakshmi Shyam-Sunder），世界銀行集團首席風險官

所有讀者正面臨快速變遷的世代，政治、軍事及各領域和地理位置的企業也不例外。我們都在問，面對瞬息萬變的事件、渾沌不定的環境、波動起伏的趨勢，我們該如何成功領導。對此，迪爾曼和雅各比將軍提出深入淺出、清晰有理的因應策略，協助所有讀者了解及運用組織敏捷力，在這個紛擾不休的世代超前部署，大放異采。

——道格・彼得森（Doug Peterson），標普全球（S&P Global）總裁暨執行長

無論是企業界、公部門或眞正的戰場，「敏捷」都是生存、競爭和延續成功的重要能力。本書兼具原創性和實用價值，若組織和團隊領導者想眞正了解敏捷的意義及實現方法，絕對不容錯過。

——約翰・阿比薩伊德（John Abizaid），美國駐沙烏地阿拉伯大使

未來是敏捷組織的世代。迪爾曼和雅各比擁有難能可貴的清晰思路與豐富經驗，爲組織描繪出長期經營及發展的敏捷藍圖，無比珍貴。

——喬治・米契爾（George Mitchell），前美國參議會多數黨領袖暨和平特使

目次

在未知的領域中，必須將困難視爲隱藏的瑰寶！

——俄羅斯作家亞歷山大・索忍尼辛（aleksandr solzhenitsyn）

出自《第一層地獄》（*The First Circle*）

政治家與指揮官的第一個、也是最至高無上的重要判斷，是要確立……眼前所面對的戰爭類型，不能誤判，也不能企圖將戰爭形塑成有違其本質的樣貌。

——卡爾・馮・克勞塞維茲（Carl von Clausewitz）

出自《戰爭論》（*On War*）

前言

面對劇變環境的首要能力

幾年前，有支廣告深得人心：一個男人坐在小船上釣魚，湖面平靜無波，四周蓊鬱翠綠。電視機前的觀眾無不欣羨他可以享受如此怡然悠閒的寧靜時光。就在此時，鏡頭開始拉遠。透過畫面，我們看到他的位置就在瀑布上游，再過不久，他的小船就要隨著水流往下衝。他再怎麼使勁划，也無法脫離險境。我們彷彿已經可以預見他的人生結局。

當今，所有組織都可能突然迎來環境的劇變，面臨攸關生存的嚴重威脅或轉型機會。所有領域的動盪早已甚囂塵上，而且有逐漸加快的趨勢。置身瞬息萬變的世代，我們監視著自認相關的各種發展。只是，我們全神貫注的目標是否正確？眼界是否夠寬廣？心態是否夠謹慎？是否投注充足的資源？採取的行動能否逆轉局勢？

企業界中，有些組織已然採取大膽的行動，甚至從基礎積極轉型。線上廣告巨擘似乎決心要進軍汽車產業，並探索無垠的太空；設計先驅與行動裝置製造商開始發行信用卡，並跨足原創娛樂內容領域；主流連鎖藥局推出健康保險服務；共乘服務公司開始經營電動腳踏車事業；大型電子商務公司拍電影、賣日常用品、做宅配業務。相對地，有些曾經輝煌一時的組織則重新走回老路，期能重現以往的榮光。

極其諷刺的是，經過長久以來的自然演化，我們早已發展出逃避複雜事務和不確定因素的特性，例如規避環境中隱藏的風險（不願正視或需藉助衝動才會採取實際作爲），以及全心防範危險因子。這就是爲什麼大家普遍認爲，這個時代對組織決策的考驗更甚以往。我們是否應該正面迎擊，把握發現的機會，即便涉及巨大風險也在所不惜？還是應該節制運用手上的資源，以保守的防禦心態靜待對手犯錯？有辦法兩者兼顧嗎？

無論是身處企業、軍隊、政府機關，還是服務於非政府組織，有件事必定得做：我們必須培養相關知識和能力，以因應變動日趨加快的世界。截至目前爲止，對於彼得・杜拉克（Peter Drucker）所謂的「已發生的未來」，我們無疑只看見冰山一角。多虧大數據分析和雲端運算，我們才能即時評估浩瀚無垠的資訊。基因編輯勢必將帶動農業和健康醫療領域轉型。人工智慧必定會爲專業服務、醫療診斷和商業智慧（business intelligence）帶來改變。同時，能源、微衛星（micro satellite）、3D列印、交通運輸、奈米科技、極音速系統、機器人技術、虛擬和擴增實境，以及分散式帳本技術（distributed ledger technology）等諸多領域，也同樣出現不少重大突破。據說不久之後，全能的物聯網（Internet of Things）即將全面入侵我們的日常生活，無所不在。當然，這些新技術的確切面貌，以及全面普及的時間不僅尚未明朗，也無從得知。

技術革命的範疇大得驚人，但其他事務也值得密切關注。地緣政治和社會變遷的力道強勁，進一步強化了競爭環境瞬息萬變和不可預測的特性。當今的多極（multipolar world）世界中，極致開發的強權和新興勢力在經濟發展、實體建設與道德價值觀等方面相互競爭，積極發揮各自的影響力。網路戰（cyber warfare）催生出截然不同的敵人類型，使我們不得不正視新的目標和弱點。

第二次世界大戰後建立的國際秩序和長久以來的聯盟布局，無不受到挑戰。民主與專制爲了爭取人類社會的青睞與認同（強度不亞於冷戰時期），陷入激烈角力。這場戰爭意味著人類必須選邊站，在經濟自由和人身自由，以及國家資本主義（state capitalism）、統合主義（corporatism）和自由市場之間做出明確的選擇。

我們的社會正歷經重大轉型。我們的情緒、信念和行動備受震耳欲聾的各種聲音所影響，很多時候，我們根本無從得知這些聲音的來源、資格或意圖。對於生活中所見所聞的資訊，在其背後操控的那股隱形力量，我們也一無所知，因此，不同群體各自深陷於同溫層，彼此之間的不合與隔閡日益加深，埋下危機的種子。漠視眞相、證據、專業和責任的現象顯而易見，比比皆是。重要的社會契約（social contract）關係面臨信任崩解，使我們對於形塑價值觀的重要制度和習俗之信仰也逐漸流失。隱私和信賴已然變成可以買賣的商品。

然而，這樣充滿不確定性和衝突的環境，也蘊藏著無限可能。反應迅速的組織，能運用獨特巧思、聰明冒險、大膽行動，因而蓬勃發展，展現強大的力量。著眼於整體系統的思想家，可提出振奮人心的未來願景，激勵組織勇敢開拓知識的未知疆域，發展無可限量。至於人類文明，則可從最廣泛的意義上追求更恢宏的繁榮發展，包括實現兼容經濟（inclusive economy）、共享知識、延長壽命，以及開創自我發現和自我實現的嶄新篇章。

未來想要興盛繁榮，所有組織（不管公私部門）都需穩定持續地投注心力，發展相關的知識、能力、程序和文化，以利培養一項獨特且罕見的組織特質：**敏捷**（agility）。唯有如此，組織才能站穩腳步，靈巧地順應局勢變遷，審慎而堅定地利用環境的不確定性，把握前所未見的珍貴機會，在新世代中獲致成功。

Chapter 1

敏捷任務

The Agility Mission

敏捷組織會把紛擾和逆境視爲機會，積極回應，讓環境成爲支持其願景的重要助力。相形之下，如果組織堅持固守現狀而未能適時地聰明冒險，終將面臨滅絕的命運。隨著環境的變動速度加快，發展順遂及跌跌撞撞的組織之間，兩者的差距將逐漸拉遠。

管理顧問公司創見（Innosight）指出，企業停留在標準普爾五百指數（S&P 500）追蹤名單內的時間，已從一九六五年的三十三年，縮短到一九九〇年的二十年。這個數字預計會持續降低，甚至有幾位分析師表示，未來十年間，該指數現在所追蹤的個股將陸續汰換將近一半。[1]然而，就目前全球大型企業發布的重要資訊、使命與願景來看，大多數組織仍未正視日漸嚴峻的環境變化和不確定因素，未將充實自我以因應環境趨勢列爲首要之務。

組織在演化過程中展現的適應能力，取決於組織能否有效回應環境變化。組織的倒閉通常都會經歷類似下列的過程。領導者未能認清及接受新現實，也未針對新環境確立可行的策略願景，反而將心力投入大量的戰術活動，無法從中梳理出條理一致的策略。攸關生存的風險不易被發現，等到組織驚覺時通常爲時已晚。

當然，許多建議一致指出，領導者和組織必須靈活調整、保有彈性並維持活力，還要敏捷應對，期許他們善用這些特質克服各種挑戰。不過，這些詞語皆未經過嚴謹定義，彼此間也未明確區分。缺乏令人信服的解釋之下，導致所有人的認知混淆不清，專家給予的指示也不完整或流於浮泛。這樣不僅無法發揮應有的效果，更可能造成傷害。

有鑑於此，本書試圖彌補這些缺憾，提供全面的認知框架及實務指引，引導讀者發展敏捷特質，目標是要協助所有組織快速識別威脅及機會、即時確立因應方式、果決地付諸實行，並隨著環境不斷改變，穩定而持續地實踐這套模式。

那麼，**敏捷是什麼**？很多領域都有這種說法。在即興饒舌中，這是指大腦臨場反應的敏捷度，從西洋棋手和心理學家身上也可以發現這項特質。企業高階主管追求敏捷行銷和供應鏈策略；管理顧問推崇敏捷領導；電腦科學專家全心投入敏捷的軟體開發流程。不過，這種說法最常用於體育活動。運動場上，「敏捷」一詞所傳達的獨特概念，最符合一般大眾的直覺認知。即使不是運動員，也不熱中運動賽事，但目睹選手在比賽中展現敏捷能力時，我們還是能輕易理解，並不禁發出讚歎。[2]

短跑注重速度，馬拉松強調耐力，舉重需仰賴肌力。相較之下，對美式足球的跑鋒（running back）、小迴轉（slalom）滑雪選手、網球選手和武術選手而言，敏捷無疑是致勝關鍵。想發揮敏捷特質，除了需熟悉所在的競技環境，還要有能力加以利用、從中創造優勢。

跑鋒需識別敵隊的防守陣式、運用隊友的防禦和掩護，並根據快速變化的威脅和機會，迅速改變前進方向。網球選手需在腦中擬定策略，根據對敵手的賽前情報蒐集、球賽中的持續評估，以及每一個當下的獨特條件，不斷調配各種球路。柔道比賽中，選手需善用各種力量（包括重力、爆發力、摩擦力）破壞對手的平衡，盡力發揮自身的優勢，同時隱藏弱點。雖然短跑選手、一般跑者或越野滑雪選手均能展現敏捷特質，但若非親眼目睹他們在特定運動項目中表現出預期中的特徵，我們往往無法發現他們敏捷的一面。

如同短跑選手的迅捷表現不會與敏捷混為一談，組織分毫不差地執行預定策略或紓解已知的威脅，也不能算是敏捷的表現。企業、政府和部隊需要發揮敏捷特質的明確主因，是因為競爭環境充斥不確定性，而且情況複雜。

所謂敏捷，是指能嚴格評估當下情況，即時決定調配人力和資源的方式、時機及目的。這需要游刃有餘地支配所有能力（不管是單項能力或整合不同能力），以便最有效地運用時間和精力。重要的是，就像運動一樣，雖然**敏捷並非只是力量**、**速度**、

耐力或爆發力，但這些能力都是成就敏捷特質不可或缺的要素。想靠敏捷力出奇制勝，我們不一定要肌肉最大、速度最快、體格最強壯，但我們必須夠大、夠快、夠強壯才行。

實際運用敏捷特質時，我們不只需要符合自然法則，也需處理人性。論及領導、文化和道德時，人的要素是至高無上的關鍵。缺乏做出艱困決策的勇氣，以及團隊成員之間缺少互信基礎而無法同心協力，都不是肢體能力、專業知識或特殊才能所能彌補的。

我們對敏捷的定義，以及書中對發展敏捷力的建議，目的都是爲了滿足上述需求，並且力求完備，盡可能關照所有重要元素。本書對敏捷的定義如下：

組織能夠有效偵測、評估及回應環境變化的能力，實務上根基於求勝意志、明確目標、果斷決策。

敏捷的組織通常兼具策略和戰術面向的敏捷特質。**策略性敏捷**（strategic agility）能促使整個組織**與時俱進**，亦即偵測及評估重要趨勢和環境變化，隨時調整策略願景、商業模式、人力資本和宣傳計畫。[3] **戰術性敏捷**（tactical agility）則能促使員工**迎向挑戰**，亦即聰明冒險、把握機會，執行明確的策略時也能即興發揮及創新。這需要整個組織願意認同並積極參與，從上到下風行草偃，所有相關人員都能配合實行。一旦在策略和戰術兩方面都能展現敏捷力，我們必能自信滿滿地面對加速變化的世界，將組織的全部能量投入能啓發人心的明確目標。

敏捷看似是遙不可及的理想狀態，感覺無法在作戰實務中眞正實踐，但根據我們的親身經驗和組織研究，都曾目睹部隊實際展現這項能力，且成效卓越。即使情況錯綜複雜，牽涉衆多相關人員和變數以及不計其數的風險，持續維持敏捷狀態仍非天方夜譚。諾曼第登陸行動就是很好的範例，這是史上堪稱最複雜的策略作戰行動，最後一章將會詳細解析。

諾曼第戰役又稱爲「大君主作戰行動」（Operation Overlord），是多年策略累積之下所迸發的精采行動，堪稱敏捷的實務典範。這場戰役的成功關鍵在於多次精準判斷納粹的特質；同盟國正確決定打擊軸心國的順序，亦即先殲滅德國和義大利，再全力對抗日本；以及跨越海峽進入歐陸發動攻擊，以最理想的作戰策略擊敗德國。

執行這些策略時，需有美國鼎力支援，將整體經濟轉型成「民主兵工廠」，並搭配大量創新作爲，才能支應廣泛的作戰需求，尤其是進入歐陸的兩棲登陸行動。形塑戰場的相關作戰行動（例如北非戰役和大西洋海戰）、大規模軍隊訓練、大範圍戰事、情報蒐集、全面資訊戰等工作都需同步展開。

登陸當天，所有不利條件一應俱全。天候不佳導致行動延遲，強烈海流將艦艇推離預定的登陸點，傘兵在錯誤的地方降落，而且彼此距離過遠，導致兵力分散。即使事前已發動資訊戰擾亂敵方，沙灘上仍有敵方部署的完善防禦工事。

拯救了整起行動的是戰術性敏捷。士兵看見這些意料之外的挑戰，自動組成作戰小隊，以最適合當下情況的方式執行任務，使整體行動有所進展。他們爲坦克裝上「獠牙」，掃除途中不期而遇的防禦路障。戰略轟炸機重新調整任務，全力支援企圖搶灘的地面作戰部隊。士兵和領導者在去中心化的原則下即時調整，並適時聰明冒險，這些臨場反應都有明確的目標方向爲依歸，在追求勝利的強烈意志下謹慎實行。

組織絕對有可能達到敏捷境界，這是本書想傳達的核心訊息之一。在適當方法的輔助下不斷探究、準備及規畫，就能了解、學習並反覆實踐。組織做出**選擇**後，必須配合實際行動及不斷努力，才能達成。這需要特定的組織環境、知識素質和各種能力，而這些條件需仰賴高階領導者謹慎經營及持續培育。唯有將敏捷的各種相關能力列爲必要的發展重點，並定爲衡量卓越的標準，敏捷特質才能融入思考過程、實務活動和組織文化，進而受到整個組織的推崇及擁戴。

透過這種目的明確、紀律嚴明的方式，敏捷始能成爲一種**思維**，這種思考方式能決定我們判讀環境和履行例行作業的方向。當我們選擇發展敏捷特質、採取敏捷思維、培養必要的知識和能力、將敏捷融入程序和文化，並時時督促整個組織持續追求敏捷力，敏捷才會變成恆久不變的狀態。

發展敏捷框架

我們在偶然間發現，過去幾十年來，彼此都對組織敏捷的概念有點想法，才進而促成合寫本書的緣分。我們各自統整了過去在公私部門領導重要組織及擔任顧問的不同經歷，擷取部分精華後，整合編撰成本書。

查爾斯撰寫本書的初衷，源自他需要爲國軍訓練敏捷力的親身經驗。他在任內經歷過三次美國陸軍大幅縮編，[4] 從中發現相同的規律。儘管國軍的人力、整備程度和現代化預算被嚴重縮減，但保家衛國的任務持續擴大，而且日漸複雜。換句話說，軍隊勢必得以更少的人力執行更多任務，對此，解套的答案永遠只有一個：組織精簡化，強化軍力，並提高工作效率及發展敏捷力。

於是，問題終究浮上檯面，就是「敏捷」這個概念從未被確實定義，它除了是一個詞語外，從未被真正落實爲行動準則。此外，對不同人而言，這個概念指涉的涵意也不盡相同。彷彿有層神祕面紗罩著這個術語，掩蓋了準備不足和優柔寡斷等缺陷，讓人無法目標明確地迎向不確定的時代。在《聯合部隊季刊》（*Joint Force Quarterly*）的某篇文章中，查爾斯和另一名作者雷恩·蕭（Ryan Shaw）中校合力檢視了軍事領域中，敏捷理論和敏捷領導者不可或缺的幾種重要屬性。那篇文章的分析成了本書的重要基礎。

里歐對敏捷的興趣來自截然不同的面向。他在二〇〇八年出版的《金融達爾文主義》（*Financial Darwinism*，中文名暫譯）一書中，介紹了一種將公司和組織視爲風險組合的管理法，其中透露的需求顯而易見。以往探討管理和策略的方法，側重於分析公司使命和願景、產品和服務、業務線和組織結構、損益表和資產負債表，但這類方法模糊了風險在商業模式中扮演的角色。《金融達爾文主義》指出，動態性

（dynamism）有助於組織管理風險組合，是決定績效好壞、是否符合時宜，以及能否長久生存的主要關鍵，而領導實務和組織行爲則具有推波助瀾的作用。

想要達到此境界，組織需具備風險智慧（risk intelligence），亦即需要做出重大的策略、財務和組織決策時，要有全面思考風險和不確定因素的能力。二〇〇八年到二〇〇九年間爆發全球金融危機後，爲數眾多的公司和投資人一蹶不振，正好驗證了本書的假設，也就是大部分組織均未審慎且積極地管理風險組合。努力達到敏捷狀態之前，風險智慧動態性（risk-intelligent dynamism）概念可謂重要前提。

雖然我們各自使用不同的描述，實務經歷也大不相同，但思考方向不謀而合，著實令人驚訝。隨著我們共同爲企業提供諮詢，並針對公私部門的合作關係設計新模式後，我們不斷得出同一個結論：的確有需要建構一套完整的敏捷理論。

企業的高階領導者需應對複雜的全球經濟環境（大環境不僅瞬息萬變，充滿無法預測的干擾因素，二階、三階效應也時時左右著領導者的判斷），其面對的各種挑戰其實與軍隊的最高指揮官無異。他們都知道，組織必須變革、運作需要更敏捷，但不明白其中眞正的意義，也不清楚該如何實現這個理想。因此，我們決定攜手合作，深入探討敏捷的本質，製作一份切合實際需求的藍圖，協助所有組織按圖索驥並轉化爲實際行動，朝敏捷的境界邁進。

談談本書的架構。首先，我們會提供一個實際案例，說服讀者發展敏捷特質確實是當務之急（第一章和第二章），接著將案例轉換成實用的理論、行動準則和領導方針。普魯士將軍暨軍事理論學家卡爾．馮．克勞塞維茲的《戰爭論》，是我們視爲楷模的重要著作。我們細究了這本書在過去將近兩個世紀以來，備受西方世界推崇的確切原因。克勞塞維茲先深入探究衝突的重要本質，接著提供符合實際需求的指引，說明如何確立策略及執行軍事行動，而這一切全都根基於透徹理解戰爭的目的、意義和本質。

本書中，我們同樣從仔細深究敏捷的本質開始著手，解釋何謂敏捷，包括謹慎定義敏捷、將敏捷解構成各項重要元素（第三章），並釐清組織需具備哪些職能，才能達到敏捷的狀態（第四章至第八章，與第十章）。此外，我們認爲追求及永續發展敏捷力時，領導和文化也扮演著重要角色（第九章）。最後，我們從企業和軍事領域援引兩個眞實案例，說明整個過程的運作概況，以此總結整本書的重點（第十一章）。

深入探究敏捷的本質和構成要素時，我們詳細檢視了不同歷史事件和組織經驗，而這些研究對象的共通點，就是敏捷都扮演了促進成功的關鍵角色。另外，我們也研究許多缺乏敏捷力的案例，這些案例發生於政府、企業、金融、戰爭和緊急事故管理中，最後均以失敗收場。

本書提供的例子可分爲三類。其一是我們親自領導或密切合作的組織和事件，包括伊拉克戰爭、投資銀行貝爾斯登（Bear Stearns）、珊迪（Sandy）颶風、美聯銀行（Wachovia）、美國政府信貸計畫、美國貸款公司房地美（Freddie Mac）。

其二，我們彙整各種資料來源（例如與重要決策者的訪談、他人和我們親身經驗的綜合研究），示範敏捷概念如何爲類似的案例指引新的出路，例如北愛爾蘭和平進程（Northern Ireland Peace Process）、美國投資管理公司貝萊德（BlackRock）、通用汽車（General Motors）、卡崔娜（Katrina）颶風、普丁統領下的俄國，以及美國投資與金融服務公司高盛（Goldman Sachs）。

其三，我們利用較長的篇幅提供更詳盡的實際案例，展示敏捷概念的完整發展過程，並在與組織領導者密切合作的基礎上，詳細說明他們的經驗和實務作爲，這些組織包括IMAX、西聯匯款（Western Union），以及表現傑出的美國消防局。至於諾曼第戰役，我們則是廣泛引用各種史料。

我們在建構敏捷框架及挑選實際案例時，取捨標準也包括以下幾點考量。第一，我們認爲，要理解及實踐敏捷概念，必須比目前更深入整合軍事和商業理論與實務。第二，我們希望結合商業和軍事兩方面的深入見解，並從政府機關、金融、非政府組織和緊急事故管理等領域汲取實際經驗，充實整體內涵。舉例來說，我們揉合許多領域對風險的定義和應用方式，並統整風險在策略發展和組織設計上扮演的角色。

除此之外，我們也發現，若要充分定義敏捷並轉化成實際行動，有必要在策略、管理、風險、領導和文化等方面的個別文獻和實務之間，建構起連通的橋梁。各領域的要素對發展敏捷力都很重要，但極少有人整合這些領域的學問。

策略發展方面的方法時常無法解釋領導、文化和組織因素，但這些面向對策略執行的影響可能甚鉅。討論策略、金融和行爲經濟學時，文化和領導層面時常被獨立出來單獨處理。大部分探討策略、管理、領導、文化等主題的書籍，都忽略了現代風險管理這門科學豐富且嚴謹的內涵。

整合這些領域時，我們相當驚訝地發現，軍事思維對這整個集合體的貢獻其實異常珍貴，不僅能爲高風險決策提供重要導引，在策略、組織及戰術等面向的效益也不容小覷。例如，美國陸軍的「任務式指揮」（Mission Command）準則在建構指揮與管制理念時至關重要，任何組織都能善加援用，發展敏捷特質。

敏捷的程序、支柱與條件

本書提出的敏捷程序嚴謹有彈性，且可反覆操作，能直接反映我們對敏捷的定義。一切先從偵測環境變化開始，之後才能有立論基礎，並轉化爲實際行動。發現威脅和機會後，需先審慎評估，此時能得到各種可能的回應方式。選定偏好的行動方向且付諸實行後，需持續監視不斷變動的環境（包括因採取行動所造成的變化），並嚴格評估。隨著環境改變，有時需調整策略計畫和應變措施，但有時候靜觀其變、刻意不採取任何行動，反而是更適當的選擇。

敏捷程序要能發揮成效，終而成功體現敏捷特質，關鍵在於其定義或執行方式並非一成不變、一體適用。組織必須根據業務性質和不斷改變的環境條件，適度調整。此外，組織也要先培養有利發展敏捷特質的相關能力，有需要時加以發揮，並隨著經驗累積適時加強。「偵測、評估、回應」程序的所有階段，均需奠基於三項核心職能，缺一不可。它們分別是**風險智慧**（risk intelligence）、**決斷力**（decisiveness）、**靈活執行力**（execution dexterity），合稱爲「敏捷三大支柱」。

風險智慧

風險智慧可協助組織即時辨識及衡量環境變化。這項能力可擴大過於狹隘的偵測範圍、發覺風險之間隱而未現的關聯、統合不同風險，並將風險與目標和資源相互對應。目前，評估商業模式和企業健全度的方法衆多，若能運用風險智慧將組織視爲動態的風險組合，必可大幅充實這些方法。

爲了持續全面監視所有風險和不確定因子，我們提出「增進風險智慧」（fight for risk intelligence）程序。這需要全組織上下每一分子攜手努力，共同達成兩大目標：(1)過濾大量資料，從雜訊中挑出值得採用的資訊；以及(2)設法取得尚未全面公開的資訊，或是競爭對手堅拒提供的資料。

接著，我們會介紹「風險雷達」概念，整合「增進風險智慧」所產生的豐富資訊，爲主動管理組織的風險組合做好準備。我們會詳細說明風險雷達的建構及運用方法。這不但能提升偵測效果，更能協助評估及規畫策略、建立共通語彙，並爲整個組織提供溝通機制，以利確切掌握環境徵兆、新興威脅和機會。過程中，保持警戒、蒐集情報和管理風險，是所有人責無旁貸的必要義務。

這裡的重點之一，在於不該只將風險視爲威脅而一味設法排除。相反地，我們認爲，組織的風險組合就像是決策者箭袋中必不可少的銳箭。風險是激發績效的助力，本身的意涵並非全然正面或負面。與其「避免」、「控制」及「排除」風險，敏捷組織會在追求目標的過程中，積極利用、管理及導正風險和不確定因素。

決斷力

根據我們的定義，決斷力是指**謹慎採取行動的傾向**，這種核心職能可促使組織在遇到機會和挑戰時，以最恰當的方式即時採取作爲。這是治療消極和避險天性的強力解藥。組織的「指揮與管制」（command and control）理念、領導和文化，都有助於促進決斷力。在此，風險智慧同樣扮演重要的角色，因爲先要發揮風險智慧，並依證據深入調查和論證，才能化爲謹慎行動，付諸執行。

決斷力的基礎在於，指揮鏈（上自高階領導者，下至組織的每個成員）需清楚目標所在與努力的原因，且彼此之間清楚溝通。我們參照任務式指揮的準則，擬定指揮與管制的方法，以此促進賦權（empowerment）和敏捷特質，供所有組織依需求自行調整。這個過程中，我們主要是參考查爾斯在戰場上的實際應用、戰時準備，以及平時非作戰行動（例如颶風救災）的豐富經驗。

在這個加速分裂的時代，各式讀物大多倡導權威民主化及扁平化組織，以提升適應和創新能力，但這帖處方容易流於空泛（而且危險）。任務式指揮絕非民主化的領導方式，也無法將權責分散給眾人承擔。相反地，指揮官是成功的關鍵人物，他／她必須確立策略方向、協助具體傳達行動流程，並授權下屬**有紀律地**自主行動。

任務式指揮結合中央集權與由上而下頒布的願景和規畫，並透過賦權，以去中心化的形式執行。不管是哪個階級的領導者，理應要在清楚界定的自主範圍內推動計畫，這會促使他們積極而獨立地採取各種作爲，以利完成任務。在此基礎上，我們建構了「策略願景實踐」（operationalized strategic vision）框架，協助領導者確立及清楚傳達組織目標、策略方向、商業理念，以及權威決策所需具備的條件。此外，我們也清楚證明了，去中心化的程度必須取決於組織的風險組合。

靈活執行力

敏捷第三支柱是靈活的執行力，意指組織有能力根據眼前情況的需求，迅速有效地動用所有資源和能力（無論是單一能力或不同能力的組合）。要達到這個境界，組織必須具備「完整的能力」（簡稱爲手段）；組織運用各種手段時，皆需有充分的素質和程度，對於各種手段要能運用自如，且必須能夠通盤考量，決定如何搭配組合各種手段，依適當的時間和目的來使用。

此外，發展策略的過程中，靈活執行力同樣扮演著舉足輕重的角色，原因在於，我們對於自身的優勢和弱點，以及有效運用優缺點的能力，皆需擁有符合事實的認知，這在形塑有效策略時至關重要。

我們與公私部門的領導團隊討論靈活執行力的概念，提到敏捷的各種手段時，諸如併購等策略型交易、組織轉型，甚或資訊科技和基礎設施投資，他們都能輕易理解。但一談到**風險**手段（組織追求目標所需承擔的總風險，以及風險組合的結構）其實是不可或缺的一部分，他們時常感到意外。這類手段必須搭配較爲人所知的商業、組織和財務工具，從綜觀全局的高度加以善用。

敏捷條件

偵測變化並加以評估及回應，每個步驟都不簡單。若要有效落實敏捷程序的所有階段，勢必得配合特定的領導作風，以此營造互助互信、誠實至上、責任承擔、適當賦權的組織環境。我們稱這樣的環境爲「敏捷條件」（Agility Setting）。

踏入未知領域需要勇氣，並堅持信念，忍受挫折和失敗。所有團隊成員必須擁有相同的信念和價值觀，團結一致，且保持警戒、全心投入。他們必須坦然看待壞消息、勇於提出不同意見，並以嚴謹的態度討論環境中出現的徵兆和可能的回應方式。

「堅守原則追尋事實」必須優先於位階權威、意識型態和個人事務，並且將整個組織變成實事求是的「事實論壇」（The Forum of Truth）。所有職階的人員都必須將此視爲己任，並了解自己有權依照實際情況適度調整，在深思熟慮的前提下聰明冒險。若要讓這一切實現，所有人都必須信任領導者和身邊的夥伴，相信自己能獲得他們的全力支持。

敏捷條件是我們所謂「特殊領導力品牌」（special brand of leadership）的產物。高階主管要是擁有這項特質，很容易展現於外。他們會提出可行且令人信服的策略願景，給予組織明確的目標和方向。這樣的領導者擅於定義、負責、溝通，並持續不懈地建立互信文化。他們自詡為實際的「首席風險官」（Chief Risk Officer），集眾人之力共同了解及管理組織的風險組合。他們言行一致，所作所為契合組織的目標、價值觀和行為標準。他們會持續經營與同仁、部屬的關係，全力朝真誠領導（authentic leadership）的方向努力。

這種領導方式無法靠規則強硬規定，也並非在實務過程中就會自然產生。唯有樹立楷模及透過實際作為加以宣揚，才能達成。本書想傳達的一個重要訊息，就是**領導力品牌可以經由他人指導而習得，而培養能體現領導力品牌的高階主管，將是打造敏捷組織的重要工作**。

❖ ❖ ❖

我們希望，本書能為公私部門的高階領導者提供力量及實用價值，像是企業執行長和領導團隊、董事會、高階政府官員、軍隊指揮官、教育界主管、機構投資者、管理顧問、創業家與其他高階主管。除此之外，我們也希望，本書能實質幫助到所有職階的主管，引導他們善用相關的思維、能力和領導作風，在所帶領的團隊中實踐許多概念，並且發展敏捷力。

接下來，我們會繼續闡述敏捷的框架和實務工作，下一章會先探究所有競爭環境的基本特質。除了討論目前帶來改變及衝突的幾項趨勢之外，我們也會聚焦於隨時變化的實務環境，檢視其固有複雜性和不確定因素的重要影響。進入第三章後，我們才會全面探索敏捷的組成要素。

Chapter 2

迷霧、磨擦與渾沌邊緣

Fog, Friction and The Edge Of Chaos

托爾斯泰（Tolstoy）在《戰爭與和平》（*War and Peace*）一書中，描述拿破崙（Napoleon）在一八一二年的博羅金諾會戰（Battle of Borodino）時，收到來自戰場前線的回報，結果所有內容後來被證實無一正確。有些說法有失精確，是因爲「在戰爭如火如荼進展的過程中，想要描述任何時間點所發生的事，根本不可能」。某些情況下，傳令回報的事情並非他們眞正親眼目睹，只是彙整從他人口中聽見的消息，再進行轉述。有些回報內容起初很準確，但消息傳到指揮官耳中時，實際情況早已截然不同。[5]現今的領導者一定會覺得這種景況熟悉到令人毛骨悚然。

所有競爭環境中無不充斥著各種複雜因素、威脅和機會，與軍事衝突之間的相似處非常多。機率始終是不可忽視的一項因素，左右著所有行動與反制作爲。舉凡出乎意料的發展、外部力量、人爲因素，都具有影響力。很少有計畫可以不顧現實情況，原封不動地實施，因爲我們的假設難免失準，競爭對手可能改採預料之外的作法，或甚至我們採取行動後，引發衆多因素交互作用，進而改變了原本的情勢。

克勞塞維茲寫道，「戰爭是政治透過其他形式運作的一種延伸」。[6]若將戰爭放在更廣泛的政治情境底下探討，不難發現爲何這句闡述戰爭的名言，套用到戰場以外的地方也同樣貼切。克勞塞維茲指出，任何衝突都是不確定性的具體轉化，包裹在**迷**

霧和**磨擦**的表象底下，而二十一世紀錯綜複雜的商業、外交、政治、國安等環境，當然也不例外。

迷霧主要是形容資訊的模糊特性（informational ambiguity），發生競爭行爲的所有動態環境，都籠罩在這一層迷霧底下。無論是商界、政府或戰場，一旦爆發「戰爭」，當事者往往無法清楚辨識眞實情況。當然，我們可以、也應該集結衆人心力，共同釐清眞正的狀況、摸清對手的意圖和能力，並對整個情勢歸結出銳利的觀察結果。然而，競爭本身就具有不透明的特質，加上彼此牽制的力量衆多，我們勢必深陷一知半解的困境，對眞實情況的認知時常有所缺陷而不完整。

現代世界的質性特殊，致使這個任務日漸複雜。現今的資料量和資訊早已無法同日而語，光是要過濾及篩檢值得相信且密切相關的內容，就已經困難重重。再者，新技術不斷問世，敵方能夠攻擊我們的通訊系統，甚至能更有效防止我們蒐集其計畫和弱點的相關資訊。同時，社群媒體已然成爲強力的武力，不管是欺敵及傳遞特定資訊、散播社會仇恨，甚或助長暴力和激進思想，都有明顯效果。

另一方面，凡是競爭激烈的實務環境，勢必具有磨擦的特性，而且機率所扮演的角色吃重，環境中也充斥著各種艱鉅挑戰。無論何時，只要著手實踐想法和計畫，總是會面臨多種樣貌的不確定因素。我們會遭遇各式各樣預期之外的事件和惡意行為。技術故障、突發事件和具體錯誤，會引發理論上無法預測或分析的連鎖效應。這種狀況下，諸多人為因素都可能產生影響，根據克勞塞維茲的說法，所有競爭與敵對情況無不充滿「疑惑、疲憊和恐懼」，道德、心理和生理均面臨「考驗」。真實戰爭與「紙上戰爭」的唯一區別就在於磨擦。

即便環境瞬息萬變、模糊未知、困難重重，但敏捷組織必定能夠蓬勃發展，這是本書亟欲傳達的訊息之一。物理學中，磨擦力是起火、妨礙物體移動，以及造成磨損或能量流失的阻力。不過，磨擦力也能產生牽引力、推動物體，我們能夠控制速度或改變方向，也要感謝磨擦力。同樣的道理，即便所有競爭環境固有的磨擦可能打亂我們的計畫、阻礙活動及進步，但磨擦也會影響我們的對手，並能為現實情況帶來各種機會，端視我們如何有效運用。磨擦是敏捷的強力盟友。

變化加速的世界

如今世界的分歧程度更甚以往，加上地緣政治和社會背景充滿各種衝突，競爭環境的迷霧和磨擦所造成的挫折日漸加劇。世界經濟論壇的創辦人克勞斯．史瓦布（Klaus Schwab）在描述第四次工業革命的「規模、範疇和複雜程度」時，嚴正指出，「這次轉型……是人類史上前所未見」。[7] 大多數國家的產業大多處於分裂的狀態或邊緣，而「各種科技相互整合」後，「實體、數位和生物面向的界線正逐漸模糊」。帶動進步的科技不僅是競爭威脅，更攸關存亡。即使是頂尖專家，也不見得可以吸收或融會貫通其專精領域的所有發展。

這種技術革命在全球各地展開，美軍把這形容爲「持續不斷的衝突」。[8] 地緣政治的競爭對手無不使盡全力，妨礙彼此的策略利益、打破聯盟關係，進而推升不穩定的狀態。民族國家和非國家行爲體愈來愈失去分寸，紛紛利用軍事力量達成政治、經濟和意識型態等方面的目標。他們日漸擅長使用現代混合戰的各種武器，遊走在暴力邊緣，一旦失手，可能點燃武裝衝突的引信。[9]

未來，隨著全球各國大力投資高階技術和軍事武力，盡力創造競爭和國安優勢就是同樣重要的課題。舉凡人工智慧、基因編輯及量子運算等領域，各國稱霸的野心日漸明顯，而彼此的激烈競爭顯見於許多形式，像是政府支持重要產業、併購創新公司、以少數股權投資案的形式掩飾對智慧財產的鯨吞蠶食、利用產業間諜滲透，以及毫不遮掩地竊盜身分資料。多國協力取得天然資源（特別是水源、糧食和能源）的行爲，也暗藏危險和挑戰。

誰能在人工智慧和量子運算的武力競賽中脫穎而出？透過基因編輯所產生的超智慧「訂製嬰兒」會不會改變人類演進的途徑？機器人會不會奪走所有工作？當無

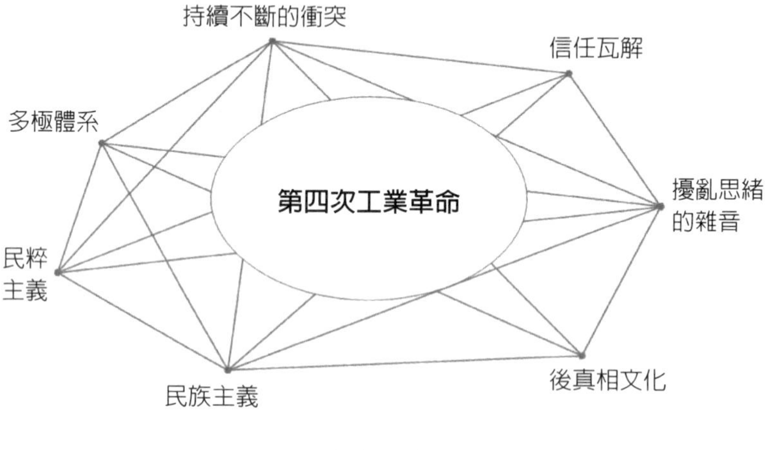

實務環境

人武器系統開始發展出道德判斷力，會發生什麼事？如果完全消滅病媒昆蟲，會對不同生態系造成什麼影響？深入這些問題，思考隨處可見的不確定性，能得到重要的體悟。對於那些形塑「已發生的未來」的困境和趨勢，堅持不懈地深入研究固然重要，但仍不足夠。不管我們如何定義及實踐敏捷，都必須明確反映實務環境的完整特質，包括固有的迷霧、磨擦，以及接下來要談的複雜性和陷入渾沌的傾向。

複雜性與渾沌

即使過了兩百年，克勞塞維茲以迷霧和磨擦的概念闡明實務環境的本質，至今依然極具價值，令人驚歎。如今，從金融市場、智慧城市、生物生態系，乃至電網、交通路況和社會網路，生活周遭充斥各種複雜適應系統（complex adaptive system），而現代跨領域研究正可延續他的精闢見解，進一步豐富其內涵。

無論何種類型，所有組織的競爭環境其實都是複雜適應系統。這類系統不斷變化與演進，缺乏集中式控制，而且充滿眾多目標、風險承受度和運作模式不一的利害關係者。各方在動態的緊張狀況下互動，在迴避風險以及主動冒險、積極行動之間來回切換。由於他們會採取行動及隨時調整，導致模式和結果完全無法預測。[10] 原本毫不相干的因素可能突然極具影響力，或是舉足輕重的因素一時之間變得輕如鴻毛。[11] 各方只有對局部區域的認知，無法真正掌握整體環境。

複雜適應系統中，小動作或小衝擊可能導致不成比例的重要成果，而大規模的強力行動可能產生無關緊要的結果。換句話說，借用軍事理論學家基斯・格林（Keith Green）的說法，就是我們時常「無法給出具有說服力的答案，斷言特定行動是否有所幫助，還是適得其反」。有時候，我們甚至「只能憑靠軼事類型的證據或直覺，回答看似簡單的問題：我們究竟是贏了，還是輸了？」[12] 各國中央銀行近年來陸續實施量化寬鬆政策，就是很好的例子。二〇〇八年至二〇〇九年全球爆發金融危機後，美國聯準會挹注超過兩兆美元紓困，試圖將長期利率維持在低檔。《華爾街日報》（*Wall Street Journal*）指出，十年後的今天，沒有中央銀行官員或任何人可以斬釘截鐵地斷定這項措施對經濟成長和商務活動的影響。[13]

鍛鍊風險智慧的過程中，我們必須防範那些可能影響實務環境運作的因素。舉例來說，社群媒體的影響已悄悄浮上檯面，從抗議活動的籌備和災難緊急應變，乃至於個人和企業，都會受到影響。地緣政治、經濟和特定公司的新聞幾乎能即時傳遞，而這已然大大改變了金融市場的發展動態。

即使複雜適應系統看似狀態平衡、表面平靜，但根據歷史學家尼爾・弗格森（Niall Ferguson）的說法，系統其實「在渾沌的邊緣擺盪」，[14] 屢次歷經嚴重波動。一旦發生出乎意料的行動或衝擊，就可能導致整個經濟、金融或地緣政治系統「嚴重失衡」及變化。這種所謂的階段移轉（phase transition）可能逐漸發展而成或突然發生，若又有外力存在，則可能產生催化作用，例如二〇一六年的英國脫歐公投，或俄國在一九九八年發生的主權債務違約事件。階段移轉的現象也可能源自系統內長久積累壓力，達到臨界點後瞬間引爆。二〇一七年沸沸揚揚的 #MeToo 反性騷擾運動就是活生生的例子。[15]

引述軍事歷史學家大衛・凱斯利（David Keithly）和史蒂芬・費里斯（Stephen Ferris）的說法，迷霧和磨擦「依然是科技修復（technological fix）趨勢底下的一股抗力，就像現代醫學不斷進步，但普通感冒仍層出不窮一樣」。[16] 如同全球金融體系並未隨著風險管理不斷進步而擺脫突如其來的衝擊和危機，若一味想以新技術消除所有不確定性或解決複雜問題，勢必將無功而返或甚至適得其反。

有鑑於迷霧、磨擦、複雜性、渾沌和不斷加劇的變化，都是永恆現實的一部分，我們設計了敏捷程序，以利組織持續監視現況，同時動態調整戰術與策略。實務工作必須具體反映這層認知，透過培養狀態意識（situational awareness）、管理風險組合、發展新能力，以及形塑思維和文化等方式確實展現。尤其最後一項，組織敏捷力是一種由人性驅動、對環境變化的回應，因此在回應風險和不確定性時，務必正視及處理變化莫測的人性。

敏捷的對立面：不作為

變化、迷霧和磨擦都可能使工作停擺。這種現象（領導者和行為經濟學家早已久聞其名）由來已久，不斷演變後，成為我們所熟知的組織行為：**不作為偏誤**（bias for inaction）。曾獲諾貝爾獎的心理學家丹尼爾．康納曼（Daniel Kahneman）寫道，「比起把握機會，能更正視及處理威脅的組織，比較有機會（存活下來）」。[17]因此，在個人生活及職場上，「壞消息」自然成為最受矚目的焦點；我們「害怕無法達成目標的恐懼，比超越目標的欲望強烈許多」。在康納曼與阿默思・塔伏斯基（Amos Tversky）共同發表的「展望理論」（Prospect Theory），以及後續與人類偏誤相關的研究中，直接點出這些演化力量，解釋爲何論及改變時，我們會以較負面的觀點看待改變的缺點。[18]另外，他也指出，風險偏高時，我們設法避免損失和失敗的傾向會更顯著，而且面對實際行動所帶來的結果，我們的情緒反應也會比毫無作爲（即使結果相同）時更爲強烈。

在有不確定因素的情況下，這一切都會使我們不願意做出可能導致損失或後悔的決策。不想決策或刻意推延行動，永遠都有個看似完美的藉口，以至於我們時常拖延，或回歸千篇一律的選擇和規避風險。還有其他因素也會使事態惡化，例如缺乏策略遠見、不願擔負職權及責任，以及動機不符。即使我們可以有效偵測及評估變化，依然可能受康納曼所謂的「引力」（gravitational force）所牽引而延遲回應（甚至逃避回應），寧可安於「現狀」。

現代行爲經濟學的研究，與克勞塞維茲的觀察不謀而合，兩者均認爲優柔寡斷是「人類與生俱來的天性」，不作爲是「規則」，進步才是「例外」。由此觀之，「不作爲」確實與「敏捷」相對立。這不僅會阻礙人類有效回應威脅和機會，也會促使我們退回防衛姿態，將主動權讓給他人。爲了正視這種不作爲的不健康心態並先發制人，美國前總統狄奧多．羅斯福（Theodore Rossevelt）曾說：「做任何決定時，最上策是做出正確的決定，其次是做出錯誤的決定，最下策是什麼都不做。」不過，這句話不可盡信，因爲有些「錯誤的決定」（單憑直覺和毫無根據的樂觀想法做出草率決策）可能帶來致命的後果。

解析何謂敏捷時，我們需嚴格區別「不作爲偏誤」及「刻意不作爲」（了解風險後謹慎做出的決策）。這類「不作爲」的決策可能帶來極大價値，因爲經過審愼思考而決定不採取任何行動，讓我們得以蒐集額外情報、深化信任，並提升能力及整備程度。當時機成熟，我們就能果斷出擊，一舉達標。由此觀之，刻意不作爲其實是組織決斷力的重要一環。

除了無所作爲和不夠謹愼就貿然做出反應之外，迷霧和磨擦也可能造成其他不利於發展敏捷特質的組織行爲，對組織產生傷害，其中最嚴重者非「微觀管理」（micromanagement）莫屬。你在授權時，需先對被授權者有信心，並要能夠忍受無心之過和挫敗。面對不確定因素時，領導者一旦過於迴避風險，時常會流於集權管理，決策和執行權限一把抓，導致組織喪失敏捷力，並重挫整體的參與意願和信任感。隨著監視和通訊技術不斷進步，領導者容易受到假象所迷惑，誤以爲坐在舒適的辦公室就能輕易突破戰爭迷霧，看清眞相，但這樣反而可能使上述現象更加惡化。

當然，想了解何時適合採取行動、何時應進一步準備，評估應承擔多少風險、應承受哪些風險類型，繼而擬定清楚的因應策略，以應對險峻的環境，這些都是棘手的挑戰。組織勇於回應改變的故事之所以如此激勵人心，正是因爲這麼做並不容易。建構敏捷框架時，我們發現了幾個令人驚豔的案例，深受啓發。

案例：IMAX的蛻變之路

這家公司曾播映《星際大戰》（*Star Wars*）、《阿凡達》（*Avatar*）、《敦克爾克大行動》（*Dunkirk*）和漫威（Marvel）的超級英雄電影，震撼人心的精采影像讓全世界數以百萬計的影迷留下深刻印象，陶醉其中。IMAX公司曾因科學技術榮獲奧斯卡金像獎肯定。IMAX開發出獨一無二的媒體形式，協助業界數一數二的電影公司呈現影像藝術。這是全球公認的影像播放品牌，在全球七十五個國家開設一千三百家電影院，擁有每年票房超過十億美元的亮眼表現。過去五十年來，IMAX憑著大膽無畏的願景、創新和敏捷力，奠定其在影像產業的地位，成就卓絕。

IMAX公司在一九六七年創立於加拿大，起初是以製作博物館和水族館的大自然紀錄片起家。從一開始，創新就是這家公司的鮮明特徵。他們破天荒使用多部三十五釐米投影機，創造令人驚歎的視覺體驗。一九七〇年代，IMAX成功開發出全新六十五釐米高解析度攝影機，以及七十釐米的波狀環形投影系統，造就先進的電影攝影技術，畫面雄偉非凡，呈現恢宏萬千的觀影體驗，在業界獨樹一格。

以前，IMAX公司曾試圖進入主流娛樂產業，但過程中遭遇諸多挑戰。電影公司必須適應小冰箱般大小的攝影機，電影院必須重新設計，才能符合播映設備的要求，而這通常需要耗資數百萬美元。放映單位必須學會大型投影機的操作方法，但這些投影機龐大笨重，需動用堆高機協助架設。面對這些挑戰，該公司的商業模式讓一切更雪上加霜。放映單位必須承擔電影院改造的龐大支出，還要預付IMAX系統授權金。IMAX選擇將預付款的負擔移轉給商業夥伴，以減少營業風險及資本需求，但也因爲這樣，業界的接受度低，票房表現慘澹。

此外，很少有電影採用IMAX的格式拍攝，更沒有任何鎖定主流觀眾的院線大片願意嘗試。雖然好萊塢製片公司時常甘冒風險以求票房亮眼，但面對可能打亂產業既有秩序的新競爭者，反而會極盡所能地規避相關風險。他們發現IMAX的價值主張不夠明確，可能爲自己的產業帶來威脅。

IMAX公司遇到了俗稱的「雞與蛋」的問題。內容生產者需要充足的電影院放映影片，但電影院需要賣座的電影來支撐營收，證明斥資添購IMAX系統有其價值。因此，IMAX有將近二十年時間，發展始終侷限在小眾的利基市場。

一九九四年，理查．葛爾方（Richard Gelfond）和布萊德．威許斯勒（Brad Wechsler）透過槓桿收購的方式買下這家公司，當時他們深信，IMAX未來的發展必定與好萊塢密不可分。他們經營公司的策略，主要奠基於一個核心假設：若能在IMAX上播放大規模拍攝的商業大片，必能在文化和經濟方面產生影響力，進而帶動公司成長。他們知道，這需要有技術創新從旁支援，而且同等重要的是，要打入極其封閉孤立的好萊塢生態系。[19]

以電腦繪圖製作的首部長片《玩具總動員》（*Toy Story*）在一九九五年上映時，IMAX技術專家指出，雖然這部電影是以傳統的2D系統播映，但內容是使用3D幾何模型繪製而成。換句話說，電影檔案中的資料可在IMAX螢幕上以3D放映。

《玩具總動員》的製作公司皮克斯（Pixar），曾與IMAX商議是否應針對IMAX螢幕製作專屬的電影版本，也曾在大螢幕上實際試播幾段影像，但皮克斯認爲，電腦繪圖無法符合IMAX螢幕尺寸的特性，呈現令人滿意的影像品質。[20]

不過，IMAX團隊早已見識過IMAX的發展潛力，於是決心繼續開發播映技術。IMAX後來自製電影《網路世界》（*Cyberworld*，中文名暫譯），片中包含3D渲染的電腦繪圖畫面，展現電腦繪圖在IMAX螢幕上播放的絕佳效果。這開啓了3D電影的新紀元。葛爾方喜歡提起這段往事，將此視爲公司思維和文化的象徵。這是日後IMAX趨勢崛起的徵兆。

但在二〇〇〇年發行《網路世界》之前，IMAX公司崛起的動力正面臨嚴重的挑戰。一九九九年，市場對IMAX的商業模式抱持懷疑態度，導致該公司股票在評比結果中慘遭降級，股價在單日內大跌三〇％。於是，企業主開始尋覓脫售的機會，只是公司的收益表現持續探底，潛在買家持續觀望。

當時，全美國的電影院產業遭逢危機，觀衆人數不斷減少，許多電影院申請破產。IMAX的收益銳減，加上盈利預測低迷，促使股價再次反映悲觀的前景，一口氣跌掉七〇％。終於，企業主放棄賣掉公司的想法。兩年前四十美元的股價，到了二〇〇一年只剩下五十五美分。一年後，IMAX持有的現金剩下不到一千萬美元，同時還有二億五千萬美元的沉重債務即將在十八個月後到期。IMAX進入攸關存亡的緊急狀態，不過，幸好電影院終止合約所引發的清算金額不大，IMAX還能維持一定的清償能力。

面對這攸關生存的危機，高階領導團隊領悟到一個道理：（先撇開能否進入全球的電影產業不談）公司想要繼續經營，就需斷然展開數位轉型，並盡快完成。這番體悟對公司往後的發展影響深遠。未來的變遷幾乎早可預見，快速發展數位電影技術勢必會爲傳統影像系統帶來挑戰。IMAX公司的競爭廠商早已積極發展數位解決方案，電影院使用硬碟就能存取影片內容（不再需要堆高機）。

葛爾方和威許斯勒明白，IMAX想要在市場上生存，就得設法幫助電影院業者擺脫小額資本的限制，也就是說，即使沒有雄厚資金也能使用IMAX技術。他們發現，數位化就是答案。他們重新開發IMAX系統，從類比格式轉換成數位格式，這不僅減少IMAX投影機的成本，也降低複製電影檔案所需的費用。

對部分公司來說，這個過程最後可能只是淪爲被動防衛，隨波逐流。察覺大環境的變化後，IMAX公司大可開發必要技術，進入產品逐漸商品化的「紅海」（red ocean），這個說法出自金偉燦（W. Chan Kim）和芮妮・莫伯尼（Renée Mauborgne）合著的《藍海策略》（*Blue Ocean Strategy*）。[21] IMAX也能嘗試提升工作效率、降低成本，利用這個競爭優勢，與其他競爭對手保持些微差異。不過，IMAX對這種作法毫無興趣。

這家公司毅然決然進入數位市場成爲主要領導廠商，並徹底改造原本的影像技術，而這一切完全不需耗費龐大的研發和人力資源。但這還不夠。IMAX公司需要提供更多內容供電影院播放，而且需要快速產出這些內容才行。然而，當時好萊塢的賣座大片無法轉換成IMAX的格式。事實上，若是勉強轉換，影像一旦放大播映，所有瑕疵就會無所遁形，清晰可見，而IMAX系統引以爲傲的視覺優勢也將消失殆盡。

爲了克服這項棘手挑戰，IMAX公司在二〇〇二年發明好萊塢電影修復程序，實爲創舉。此程序後來俗稱爲「數位修復」（digital remastering），步驟包括盡可能使用最高解析度掃描以一般攝影機拍攝的內容，接著一幀一幀去除所有殘影（visual artifacts）和雜訊。接下來，使用專利演算法並發揮創意，將所有影像調整到適合IMAX系統的最佳狀態。

如此一來，電影內容不只是畫面放大且經清除雜質，以便在較大的螢幕上播放，其影像更經過轉換處理，因而呈現嶄新的視覺效果，令人驚豔。此外，IMAX還徹底改造自家的配樂處理技術，讓音效更清晰乾淨，且更能傳達影片劇情的情感張力。

幸虧數位修復技術問世，IMAX公司得以擬定藍海策略，徹底重新定義其與娛樂產業重要市場的關係。這項策略最後爲該公司帶來了可觀的回報。這種先進技術受到主流好萊塢製片公司的青睞，IMAX開始在拍攝過程中，與導演和製作人緊密合作，舉凡拍攝規畫、配樂混音，乃至每個畫面的視覺調整，IMAX均能參與其中。現在，觀眾通常願意多付一點錢，享受IMAX版電影所提供的視覺饗宴和刺激的感官體驗。隨著這種新格式的電影賣座數量愈來愈多，電影院也就更有餘裕，能運用資源來建置IMAX放映系統。

IMAX公司爲了進一步成長，並重新定義公司與重要利害關係者群體的關係，也開始著手商業模式轉型工作，改變與電影院業者的合作關係。他們一改原本預收高額授權金的作法，轉成合資模式：IMAX免費提供放映系統，換取從票房收入抽取更高比例的分潤。IMAX的內部分析指出，有鑑於IMAX電影的商業潛能已大幅提升，新模式雖然需承擔較大的風險，但同時也能帶來龐大效益。

後來，事實證明，新的合資模式的確創造了雙贏局面，不僅以更少的資本支出協助了電影院升級設備，更吸引愈來愈多觀衆進電影院消費。因此，更多電影院裝設IMAX系統、更多電影以IMAX格式拍攝，而且愈來愈多人愛看電影，帶動了電影票房的增長。

只不過，IMAX公司仍持續面臨嚴重威脅。多家競爭廠商對IMAX系統進行逆向工程，並依反托拉斯法對該公司提告。IMAX在二〇〇六年勝訴後，再度公告出售，但沒有任何潛在買方出價，因爲外界仍抱持懷疑的態度看待IMAX的未來發展。正當IMAX尋找買家的希望落空，美國與加拿大當局對IMAX的會計帳務展開調查。雖然該公司最後證明無罪，但帳務調查結束後，集體訴訟緊接而來。

IMAX公司的股價再度跌破兩美元，而這次IMAX必須挺身對抗主動型投資人的野心，原因是這類投資人企圖涉入公司的債務，主導惡意收購。之後，IMAX的智慧財產遭竊，導致市場上出現大型國際競爭廠商，同時美國某家知名公司也開發出自家的高階雷射系統，並與大規模的經銷商體系締結合作關係。

即使遭逢這麼多風雨，IMAX公司從未停下創新的腳步，始終堅定地追求理想策略，努力實現設定的願景。

《阿凡達》在二〇〇九年上映，片中前所未見的視覺藝術科技擄獲了全球觀衆的芳心，在全世界造成轟動，此時的IMAX才終於在業界熬出頭，擁有主流娛樂公司的地位。

如果組織有能力應對可能危及存亡的威脅和挑戰，化危機爲轉機，就是組織擁有敏捷力的特徵。面對快速的技術變革和艱困逆境，IMAX的高階管理層將公司轉型成數位基礎設備商，並且適時調整商業模式，重新定義公司與主要利害關係者群體的互動關係。與此同時，IMAX積極進軍國際電影市場，以其在中國的人脈資源與北美洲的廠商競爭。此外，爲了能即時制定策略及調整執行方向，IMAX也設立指揮控制中心，密切監控其散布於七十五國、超過一千三百家電影院的績效和放映內容。這些由上而下的核心決策，都是策略性敏捷的絕佳體現。

IMAX公司必須先具備特定的組織條件，才有辦法實現願景，亦即創造新型態的沉浸式娛樂體驗，在娛樂產業中占有一席之地。整個公司需團結一致，秉持共同的目標和清楚定義的商業理念共同努力，此外，還需全面評估大環境的變化，並充分轉化成行動計畫。勇於實驗、包容錯誤、擁抱新想法，這些元素必須完全融合，變成企業文化的基底。若要採用新技術及進入新市場，則需先做好充分準備、果斷決策，並且具備多方面的執行能力。

從這裡可談到一個重點：當策略性敏捷結合理想的組織文化（信任、賦權、謹慎冒險），即可催生戰略性敏捷。

在IMAX的案例中，該公司執行策略時不斷遭遇始料未及的挑戰和機會，是**由下而上**的創新能量引導企業跳脫窠臼，才得以察覺及評估趨勢，化挑戰爲契機。另外，除了開發數位修復和推動3D攝影轉型之外，該公司也實行大大小小數以百計的創新思維，包括在二〇〇八年開發雙投影機數位系統，到了二〇一三年更推出新世代的雷射技術系統。

IMAX公司的故事之所以與本書特別密切相關，原因在於其所處的環境有如殘酷無情的戰場，迷霧籠罩，磨擦四起，各方勁敵來勢洶洶，但即便如此，IMAX依然堅決不移地追求可能破壞現狀的策略，並開發卓越非凡的新技術。重要的是，即便被迫採取防禦姿態，IMAX仍堅持持續創新、改善商業模式，並重新定義與客戶和合作夥伴的互動關係。這個過程中，IMAX展現無比堅定的決心和求勝意志，這些特質不但讓該公司順利存活下來，更幫助其蓄積能量，靜待時機成熟時發動反擊，一舉致勝。

建構理論

我們在整理實際案例時，一旦發現任何組織成功識別變化並大膽回應、善用機會，以及忍受艱難的困境，總是不禁自問：

1. **這些經驗能否反覆實踐**？換句話說，過去成功的特質、能力和程序，是否已內化到組織內，未來組織回應環境變化時，是否仍能同樣從容地克服困難？
2. **敏捷特質能否仔細定義及解析**？如果可以，我們就能建構共同的認知、語彙和程序，協助所有組織培養敏捷力。這個過程可以從不同領域（例如，非政府組織、企業、戰爭、教育界和政府機關），汲取豐富多元的經驗和最適切的想法。
3. **這項能力是否可以透過特定實務和領導作風，幫助學習和養成**？如果可以，領導者和組織就能主動選擇發展敏捷力，積極培養必要的知識、能力和文化。

要回答這些問題，必須先在認知和實務上清楚了解何謂敏捷，並明白組織如何才能長久維持這項優勢。先前曾提到，企業界普遍缺少這種特質，從他們將一般的商業輔導建議（例如去中心化），以及敏捷、調適、迅捷和其他職能等概念混爲一談，就能看出這一點。

然而，不只企業界缺乏清楚認知。查爾斯根據個人觀察指出，雖然所有軍種皆已透過不同方式，將敏捷力視爲優先發展事項，仍未嚴格定義這項特質或付諸實踐。[22]事實上，跨學科的研究指出，目前各界的確缺乏「符合科學標準」的指標，甚至對於如何栽培領導者及打造組織，使其能有效且一致地「識別環境變化，以合適的方式回應」，也仍未達成共識。[23]

克勞塞維茲深入思考戰爭的本質和特性，認爲「任何理論的主要目的，都是爲了釐清混淆不明和難以分辨的概念與想法」。「理論」需反映現實，在不同時間適用於多種環境，且能累積經驗不斷改進，才能眞正發揮效用（套一句他的說法，就是「眞正服役」）。理論不能過度偏向指令性質，而是在考量每種情況的特有條件時，扮演「輔助判斷」的角色。本書中，我們依循同一套原則，希望所建構的敏捷理論可以與克勞塞維茲的衝突理論搭配運用。

❖ ❖ ❖

下一章，我們會更深入探討敏捷的本質，並進一步解釋採用現行定義的原因。在此基礎上，我們將繼續檢視敏捷的三大支柱，以及道德和文化層面，最後提出相關程序，協助你達到敏捷狀態並反覆實踐這項特質。

Chapter 3

敏捷的精髓

The Essence of Agility

一旦擁有敏捷力，組織可以快速識別變化、靈活調整優先要務和資源、審慎而果斷地運用不確定因素，並比競爭對手做得更快、更好。

相較於反射能力大多取決於天賦，敏捷力可透過探索、準備和規畫，以合適的方法發展而得。這項特質能與組織的特定職能、程序和文化相輔相成。

本章旨在建構敏捷概念，更深入地探討敏捷的構成要素，唯有整合這些條件，才能促進及維持這項獨一無二的特質。回想一下第一章對敏捷的定義：

組織能夠有效偵測、評估及回應環境變化的能力，實務上根基於求勝意志、明確目標、果斷決策。

敏捷的組成要素

有效偵測

組織要有能力偵測環境變化，進而加以回應，需先深入且廣泛地了解競爭環境既豐富又複雜的組成要素。想要具備這種感知能力，組織必須先擁有必要的知識，以便能密切關注主流的科技、社會和地緣政治趨勢。我們必須設法增進風險智慧，以掌握對手的意圖和弱點，同時也要深入研究自身內部的組織環境。我們需要認清所處環境複雜又易變的固有特質，並主動尋求解釋。透過以上所有作為，我們將能妥善詮釋相關的發展和環境徵兆。

制定整個組織的偵測程序，無疑是一大挑戰，若要每天執行，勢必還會遭遇阻礙，使這一切更為棘手。舉凡要出席無數會議、達成銷售目標、收到電子郵件後需盡快回應的要求，這些都是常見的例子。一般認為，持之以恆地滿足這些要求，是個人和組織成功的主要推力。因此，組織通常會極度重視這些短期要求，並積極處理伴隨而來的風險。

停下忙碌的腳步深入探究環境的本質、深化及擴大看待事情的視野，以及犀利地質疑已知及未知的事情，時常被歸類成奢侈行徑。但敏捷思維會徹底改變這種觀點，將可有可無的「奢侈品」變成攸關成敗的優先要務。

由整個組織共同參與偵測程序相當重要，領導力專家海爾．葛瑞格森（Hal Gregersen）曾表示，「重大轉變即將來臨時，最初期的徵兆通常會先從次要市場浮現，看似意義不明的事件可能帶有重要訊號。」[24] 若能即時察覺這些微弱的初期徵兆（其中隱含著威脅和機會），並告知相關的決策者，便是敏捷的表現。敏銳的感知能力、精明的現場知識，以及具開創性的創新作為，時常來自組織基層的最前線。全組織必須齊心協力，努力不懈，才能在應付例行公務和眼前的工作時，確保人員不會分身乏術，導致無法因應始料未及的威脅或機會。

企業界時常聽到「預先進場布局」這句話，這個眾所皆知的說法有助於我們理解敏捷的基本概念：想即時回應環境變化並收到應有的成效，需要的是**偵測**而非**預測**能力。事實上，沒有人可以在事情發生前就胸有成竹地斷定未來的發展趨勢。如果企圖狂妄預測，很有可能落得時間和地點皆錯的狼狽下場。

只要觀察過去人類試圖預測未來的失敗紀錄，就不難得知這種行爲終究只會徒勞無功，而且危險重重。舉凡經濟學家、證券分析師、政治評論家，以及所謂的未來學家，他們都熱中於預測未來，但實戰績效往往一如預期地讓人失望。由於實務環境原本就有不透明及充滿不確定因素的特性，未來事件與發生機率本該無法預知。

尤吉·貝拉（Yogi Berra）曾說：「預測本來就很難，尤其是預測未來。」這句話爲人津津樂道。敏捷組織應將此牢記在心，放棄不切實際的預測大夢，改爲謹慎規畫及偵測。雖然我們無法在事情發生前就率先斷定情勢走向，但可以預先擬定一套教戰守則，研擬各種潛在情況發生時可能的因應方式，並與團隊廣泛練習，做好萬全準備。另外，我們也能觀察團隊成員對特定情況的反應，在擬定計畫時納入考量。完成這些整備工作，即可以在事情發生時（即刻）察覺、快速評估可能的趨勢，接著就能朝該方向提早準備及因應。

美國投資管理公司貝萊德在二〇〇九年收購當時數一數二的指數股票型基金管理公司巴克萊全球基金顧問（Barclays Global Investors），就是很適切的例子。這起交易並非源於對金融市場未來發展的預測，而是對新興趨勢——採取指數化投資策略的個人和機構投資者快速增加——的回應。當時的情勢早已穩健地朝這個方向發展，對此，貝萊德迅速確立自身的市場定位，決定成爲此領域的領導企業。[25]值得一提的是，正是因爲資產管理人未能展現精準的預測能力，無法爲投資人穩定預測個股和債券的市場表現，才促使投資人對指數型基金的需求急遽成長，日漸偏離主動管理資產的傳統理財方式。

另一個體現敏銳偵測能力的實際案例，就是北愛爾蘭和平進程（稍後會更深入探討）。美國參議員喬治・米契爾（George Mitchell）在一九九五年受命主導新一輪的談判後，隨即著手增進對此事務各方面的風險智慧。處理茲事體大的外交事件，必定得持續監控及反覆評估新的發展。後來事實證明，大環境的三個變化（一開始皆未能預測）對日後簽下和平協議起了推波助瀾的功效，極其重要。

本書稍後會全面探討敏捷特質不可或缺的偵測程序，內容將涵蓋概念層次的相關議題，像是如何看待多面向的風險驅動力及其造成的結果，以及如何從組織職能的角度定義風險智慧。我們也會介紹增進風險智慧和建立風險雷達的務實辦法，詳述一般組織如何監控核心風險組合（有些是近期的風險，有些則是重大或甚至攸關生存的風險），以便能更全面掌握複雜的逆境概況。

有效評估

高階領導者必須持續評估，掌握形成策略、管理風險及實際執行所需的資訊，並向整個組織清楚解釋，如此偵測程序才能充分發揮效用。除了說明與決策相關的要素之外，高階主管也必須鼓勵所有人留意預期之外或意想不到的細節。這樣一來，指揮鏈上的所有專業人員都需運用專長和現場知識，告知領導者新的相關發展，以及環境徵兆所代表的意義和可能的意涵。一旦掌握可能的風險和機會，便需仔細確定資訊的品質、可信度和完整度。大多數時候，在這個過程會發現更多需積極蒐集的資訊，促使我們評估相關風險，並投入適當資源。

你偵測到的環境變化，必須放到組織獨一無二的情境中思考，才能產生意義並發揮實際效用。這需先識別商業模式中的所有風險組合，嚴謹歸納後，以符合直覺的方式呈現。本書介紹風險雷達工具時，會示範如何在實務中執行上述事項，協助領導者統合內外部龐大的資訊量，並持續監控、評估、管理及支配組織的風險組合。這樣一來，一旦策略決策和例行作業與所蒐集的情報之間，出現嚴重脫節的問題，領導者就能適時解決。

培養狀態意識後，我們便能進入評估的下一個階段：建立前瞻性質的決策框架，我們稱爲「**策略權衡**」（strategic calculus）。此方法可形塑及評估替代選項，使其符合我們的風險偏好。重要的是，這不僅將財務和行動能力列入考量，也顧及承受損失、克服挑戰及成功執行的心理素質。此框架可依策略和戰術決策的需求彈性調整，並化爲實際制度推行到所有組織層級。

本書稍後會利用各種令人驚歎的輔助工具，探討高盛集團如何成功度過二〇〇八年至二〇〇九年的全球金融危機。整個過程中，有效偵測和評估等工作，都扮演著重要至極的角色。當美國房市的重大缺陷持續惡化，高盛集團的高階領導者和第一線人員很快就憑著其獨有的視野，清楚指認出這個現象。隨著危機不斷演進，他們持續監控環境徵兆，告知相關人員並妥善評估。由於該企業早已發展相關能力，足以即時全面評估及監控整個公司的風險組合，因此能夠規畫因應策略，安然度過危機。高盛某位高階主管表示：「整個領導團隊精確地聚焦處理市場風險，是我們與同業不同之處。」

對比高盛集團的敏捷作爲，哥倫比亞號太空梭（Space Shuttle Columbia）不僅未及時意識到危險狀態，也未能確實評估風險，最終以悲劇收場。二〇〇三年二月一日，哥倫比亞號準備返航，但當太空梭進入地球大氣層後，艙體卻突然解體，艙內七名太空人全數罹難。這起意外肇因於太空梭發射時，燃料箱的發泡隔熱材脫離並擊中機翼，造成機身受損，爲意外埋下伏筆。

雖然機組人員在偵查後，發現隔熱材碎片比前幾次任務中發現的體積更大，但他們認爲這不會對太空梭本身帶來太大的風險，風險指數仍在「可接受」的範圍內。有些工程人員警告，這次的毀損程度可能比預期中嚴重，但未受到重視。此次事故的調查結果指出，太空梭的機翼的確在遭受隔熱材撞擊後破裂，使極高溫的大氣層空氣侵入機身，最終導致解體。

這些案例顯示，雖然風險智慧對於偵測和評估工作至關重要，但敏捷條件的重要程度也不遑多讓。在理想的組織環境中，證據和解決辦法會受到嚴格分析，由相關人員激烈辯論，這有助於驅散朦朧的迷霧，防止磨擦產生的壓力影響了判斷。

另外，這也有助於抗衡強烈的認知偏誤。行爲經濟學家在文獻中清楚記錄了這種偏誤現象，包括傾向注意能支持自身觀點的資訊，貶低立場相反的資料；低估機率的重要性；以及低估或忽視我們認爲超出掌控範圍的威脅。審慎的討論將能避免一些看似有說服力卻具缺陷的未來評估和預測，進入策略規畫、經濟預測和市場分析之中，因而能降低風險。

有效回應

第一章介紹策略性敏捷和戰略性敏捷時，我們提到組織回應變化有兩種方式。第一種涉及高階領導者的職權，主要透過調整策略、商業模式和資產負債表，回應重大的環境變遷。第二種是由有權限的員工聰明冒險、創新及即興發揮，也就是在執行策略的過程中，對環境的變化和磨擦做出戰術層面的回應。

這兩種回應方式的前提，都是要持續監控及評估實務環境的情勢。兩者皆需仰賴完全發揮靈活執行力，並搭配適當的商業、組織和風險手段彈性運用，以因應各種獨一無二的情況。以下提供戰術性敏捷的實際案例，說明監控、評估和回應等工作如何相互配合、相輔相成，不斷精進執行策略。

有家業界很重要的金融機構，是我們長期合作的客戶。這家金融機構發現自己遭受網路攻擊後，很快就找出之前未發現的安全漏洞。[26]雖然該機構本身的電腦網路受到嚴密管制及保護，但部分客戶暴露於高度風險之中，導致機構收到的詐騙電匯要求急遽增加。我們的客戶在快速偵測到問題並調度資源後，馬上制定了新的通訊協議和規範標準，並強化核准程序，因而化解了財務和商譽方面可能進一步蒙受的損失。

整個過程中，我們即時監看網路攻擊者的動態，發現對方不斷調整所採取的攻擊方法，試圖挖掘更多安全漏洞，避開新的防護機制。幸好我們的客戶持續展現戰術性敏捷特質，才得以抑制這些快速演變且不斷加劇的攻擊行動。

在策略層面上，監控、評估和回應等工作也需相互配合。如同IMAX公司的案例顯示，組織有時需隨著環境變化重新評估策略目標，承擔風險。實務環境的情勢出現重大變化時，高階領導者甚至需要退後一步思考，從整體面向看待攸關存亡的問題，釐清組織目標和業務的本質。前言中，幾個由第四次工業革命所推動的重大商業轉型，都可歸於此類（第五章會更完整說明）。

明確目的與決斷力

團結一致同心協力是敏捷不可或缺的元素。當指揮鏈上的所有人到組織的第一線人員，都清楚知道目標及原因，才能產生這種凝聚力。所謂「目標」是指組織的策略願景，由高階領導者確立願景並具體描繪，清楚傳達。「原因」則能確切表達組織的目的，即組織最主要的存在理由。在組織的價值觀和標準中，這兩者缺一不可。當然，三位一體（目的、願景、價值觀）的重要性並非新鮮事，但本書的重點在於這三種要素如何促進敏捷特質。

若想在面對迷霧和磨擦的情況下，試圖擊敗競爭對手，那麼確立策略方向和道德準則，可確保我們不至於迷失大方向、忘掉所服務的利害關係者，以及捨棄定義自身的價值觀。強烈的使命感有助於促進團結，並灌輸所有人應共同承擔風險及攜手朝共同目標邁進的理念。這能讓所有人感到驕傲，感覺只要自己努力就能爲他人創造眞實價值，因而激發內心深處的人性動機。一旦搭配適度賦權，便能促成敏捷所必要的參與感、進取心和批判思維。

至於組織決斷力，則是指果決的行事意願，以及自信決策及執行的能力。除了堅定的信念，明確的意向和風險智慧也是促成決斷力的重要條件。這就是爲什麼我們不僅將決斷力定義爲「即刻行動的本能」（bias for action，美國軍方經常使用的說法），還強調是「愼重行動的傾向」（bias for deliberate action）。

談到培養決斷力，特殊領導力品牌和信任文化皆扮演重要角色。無論何時，高階領導者都必須有信心能即時收到最眞實的資訊和建議。指揮鏈的所有同仁都要相信，上級長官不僅歡迎他們提出想法、不同的意見，或甚至是難以接受的事實，還很讚賞這種行爲。所有內部人員都必須相信，萬一自己爲了促進全體利益而不小心犯下無心之過，會受到善意的評判。

一旦這種環境文化結合指揮與管制原則，再配合有利於促進敏捷特質的組織設計，那麼團隊成員執行任務時，能更無後顧之憂地全力投入，即使情況改變或原訂計畫生變，他們也能發揮創造力積極應對，獨立完成被交辦的事務。第七章到第九章將會更全面討論這一點。

二〇一一年，查爾斯接任美國北方司令部（USNORTHCOM）指揮官一職，開始與國防部、美國聯邦緊急事務管理署（FEMA）和各州地方政府密切合作，落實指揮與管制實務、培養應變能力，並擬訂相關草案，以修正二〇〇五年處理卡崔娜颶風時，各層級政府單位因應措施失當的問題。

經過這番努力，二〇一二年珊迪颶風來襲時，政府機關隨即展現愼重行動的本事，團結一致度過難關。打從一開始，他們就宣布蒐集及共享資訊是攸關任務成敗的重要事項，因此所有人員才能夠全面掌握概況。由於所有人皆清楚了解共同目標，且不論是策略或戰術方面均展現絕佳的決斷力，因而產生「彼此當責」（mutual accountability）的風氣，共同爲確切的目的而努力，最終成功完成颶風救災行動。

求勝意志

組織往往會基於現實所需，被迫適應現狀。很多時候，當實際狀況確定開始出現變化，組織便會設法適應。一般而言，組織會試圖維持現狀、紓解威脅，但這經常導致組織失去活力，適得其反。如同克勞塞維茲所觀察，「防禦總是比侵占容易」。然而，當環境變化日漸強烈，對手逐漸進逼，一味堅守防衛模式可能導致組織必須放棄機會，長期下來難免危及生存能力。

大多數領域中，若要避免損失，通常必須展現求勝的堅定決心。換句話說，我們需要積極往前邁進，慎重地採取行動，而這不僅是受到價值觀和期待所驅使，更出於心中有股想要戰勝的欲望。決心、堅持和團結，是不可或缺的重要條件，但這些還不夠。根基於**求勝意志**的思維和文化（包含**進擊傾向**〔bias toward offense〕），正是發展敏捷特質的養分。

習慣主動出擊的組織，會將變化和逆境視爲機會。他們會主動塑造及利用環境，借力使力地往目標邁進。整個指揮鏈上的團隊成員會進入策略思維模式，協助確保組織不會陷於平常履行戰術的例行公務而停滯不前。這類組織願意投入資源，持續強化狀態意識、知識和技能。當環境情勢對自己有利時，他們會積極作爲，擾亂敵方使其落入被動防禦的狀態。稍後會提供幾個實際案例具體說明，包括第十章會探討普丁統治下的俄國。

當然在部分情況下，採取防禦模式有其必要。但在這類案例中，積極尋找反守爲攻的機會也同等重要，因爲這能將防禦措施轉變成克勞塞維茲所說的「精準攻擊所構成的護盾」。這種形式的防禦不僅預設爲抵禦威脅，更包含積極作爲，能促使我們整裝待發，主動回擊。

戰場上，相關作爲可能包括削弱敵人的氣勢（例如發動精心策畫的反擊行動），或是冒著龐大代價增進風險智慧，計畫更大規模的攻擊行動。商場上，這可能包含聘僱新員工、分析競爭情報，以及分配資金給研發單位，輔助研發人員不斷開發相關的新產品和服務。這個過程中，雖然我們的心力集中在抵禦進犯的威脅，但也在創造主動出擊的條件，等待時機成熟即可重回進攻模式。**能夠根據當下情況流暢且靈活地切**

換防禦和進攻模式，正是敏捷的重要特徵。

「致勝」和「求勝意志」是企業界和軍隊耳熟能詳的說法，反映出許多競爭情勢的零和性質。然而，重要的是要認清，或許非政府組織、政府機關、醫療保健與教育機構沒有直接的競爭者，或是可能不覺得自身需要像企業一樣積極爭取「勝利」，但事實上，這些組織確實處在不斷演變的競爭環境之中。如同企業和武裝部隊一樣，他們也籠罩在資訊不明朗的迷霧中，不斷對抗磨擦和慣性。他們的價值主張和地位，可能會受到經濟、社會和地緣政治等因素所威脅。他們必須投入激烈的競爭，以爭取財務資源、人才、心占率（mind share）和存在感。因此，擁有求勝意志也能爲他們帶來好處，而所謂的勝利標準則取決於組織的最高目的和策略願景。

事實上，所有類型的組織都必須清楚定義何謂勝利。對非營利組織和政府單位而言，這可能涵蓋任務導向的目標、成功的公共政策、社會或環境效應（或影響）。企業界中，勝利不僅必須反映短期的財務績效和競爭優勢，也要與所有利害關係者的處境長久契合，包括客戶、股東、員工、社群、社會大衆和企業合作夥伴。如果勝利的概念主要奠基於短期主義（short-termism），或不成比例地偏重某些利害關係者群體而犧牲了其他人的利益，便會損害敏捷特質，侵害內外部的信任關係，而組織本身也會暴露在危及生存的風險之中。

明確目的、決斷力和求勝意志都是敏捷特有的屬性，有別於調適和其他形式的防禦反應。下一節會進一步討論這些主題。

與敏捷的差異

仔細解構敏捷的組成要素後，現在我們可以清楚了解，這項特質與那些時常被混爲一談的組織特徵有哪些差異。以下依序探討各項概念，以及各自與敏捷的差別。

「調適」（adaptability）是指適度調整或改變自己以因應變化的能力，包括師法過往經驗及提升競爭體質。[27] 雖然調適力可轉化成紓解威脅及把握機會，但其含意通常偏向被動防禦。套用軍方的說法，調適力是一種反擊的形式，通常只會將策略和行動優勢拱手讓給競爭對手、市場或命運。與本書尤其相關的是，調適力似乎缺乏策略或道德錨點：組織推動變革及發展時，仍應恪守原本的目的、策略和價值觀，但單就調適力來看，這層考量付之闕如。

簡言之，「調適」這種行爲並無明確的目標，亦非奠基於求勝意志。另外，當改變自己不再是回應變化的最佳之道時，調適力似乎就毫無用武之地，這種情況下，最好還是運用本書的建議，要預先發展技術和能力，雖然有些能力在舊環境中派不上用場或功用不明顯，但此時會是絕佳利器。

「韌性」（resilience）是指組織遭逢逆境或改變時，從挫敗中恢復的能力。[28]想要成功存活下來、表現優異及持續處於敏捷狀態，不能缺少這項能力。我們認爲，組織遭遇攻擊或壓力時，韌性是保護組織核心（目的、人力、資產、文化和技術）的防禦性能。韌性是組織遇到兩類事件時展現敏捷特質所獲致的成果，稍後我們會舉例佐證。環境出現變化之際，如果還有充分的反應時間可進行偵測、評估和回應程序，自然會催生組織韌性。若是「猝發型」逆境（組織在震驚之餘已沒有時間可以反應或控制事件），只要組織能**預先**緩解潛在的致命風險（這也是敏捷特質的一環），一樣能產生韌性。

「彈性」（flexibility）是指能屈能伸、適度修正、向壓力屈服、願意改變或妥協的能力。[29]用來形容組織時，彈性通常會指調適力和韌性的某些面向。

「動態性」（dynamism）是指促進及維持活動熱度和進度的特性。[30]以企業的措詞來說，動態組織通常行事靈活、充滿能量、無比創新。這類組織的員工投入工作中，極富創造力。然而，根據我們的實際觀察，動態性不一定能促進卓越績效、狀態意識、調適力或韌性。動態組織可能缺乏團結一致的向心力，內部文化可能在面臨壓力時瓦解。他們或許具有戰術性敏捷，但缺乏策略性敏捷，面對環境劇變而需大幅調整願景和策略時，可能會顯得特別脆弱。

納西姆．尼可拉斯．塔雷伯（Nassim Nicholas Taleb）提出「反脆弱性」（antifragility）一詞，意指從混亂中受惠的能力。想擁有反脆弱的特性，個體需熟知風險並展現韌性，亦即能夠評估及化解特別危險的風險。除了要順利存活下去之外，審慎探索不確定因素，是發展反脆弱性的必要條件，換句話說，就是要願意承受不相關的風險，這些風險的不利影響有限，但好處多多。這類作法包括：在不斷修補及改進中創新、創業投資，或是靜待體質不佳的競爭者和體系潰敗。有趣的是，雖然擁有反脆弱特質的個體，的確能在混亂的局勢中獲益，但採取的方法倒是相當穩健：精心策畫各種富有潛力的選項，然後順著情勢從中篩選出最合適的方案。

打造敏捷組織之所以複雜棘手，原因在於上述差異甚大的各種概念時常被混爲一談。舉例來說，全球各國的武裝部隊時常認爲敏捷就是「彈性」和「機動性」

（maneuverability）的同義詞；[31]而在企業界，有家大型顧問公司（堪稱業界在策略和管理方面的意見領袖）在近期出版的刊物中，將敏捷同時替換成動態性、彈性、迅捷、靈活度、反應能力，以及組織自我復原的能力。[32]

若要清楚了解這些組織特質為何無法與敏捷劃上等號，請想想IMAX公司的案例。這家公司因應可能危及事業生存的環境變化時，採取的行動主要根基於一個迷人的策略願景：在主流娛樂產業中占有重要的一席之地。這個願景由上而下引導了所有策略行動（例如毅然跨入數位領域、推動商業模式轉型、將事業版圖拓展到全球各地），並由下而上造就了無數創新（例如發明數位修復技術）。

與其屈就於防禦姿態，順應市場變動及其他廠商的動態，IMAX公司持續而穩健地追求立定的目標。逆風時，全公司上下團結一致，維持韌性，並設法盡快回到主動出擊的狀態。所有人都清楚了解環境狀況、策略方向和行動理念，因而衍生出強烈的狀態意識，並在精心計畫中承受風險，匯聚所有人的心力。簡單來說，IMAX成功展現了調適力、韌性、彈性、動態性和反脆弱性等多種特質。然而，這些概念（不管是個別探討或綜合論述）均無法完全概括那些協助IMAX體現敏捷特質的程序、能力或組織條件。

敏捷是一種高層次的特質，不只範疇**涵蓋**其他更專業的特點和能力，其功效更是不容小覷。敏捷特有的本質（如下圖所示）能協助組織有效處理威脅和機會，在有利和艱困的情況下，維持主動出擊的狀態，並透過目標明確的各種因應行動，抱持著必勝的決心，堅定不移地戰勝情勢變化。

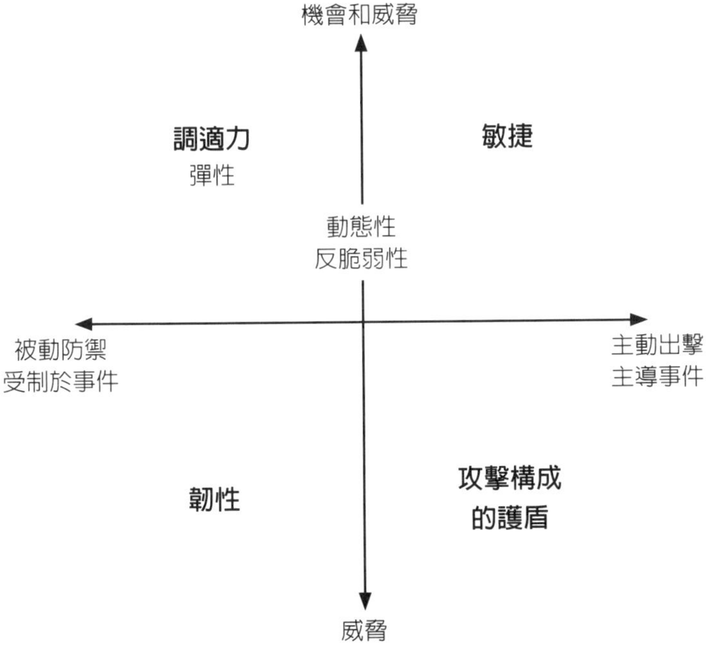

敏捷：一種高層次特質

❖ ❖ ❖

接下來三章，我們將聚焦說明風險智慧，以及其在促進敏捷特質上扮演的重要角色。我們會探討增進風險智慧及建立風險雷達的功效，解釋這些方法如何促進環境訊號的偵測及評估工作，並研究如何籌畫策略，輔助篩選因應變化的各種方案。這些章節中，我們會教導如何將組織視爲動態風險組合並主動管理，提升業務績效和長期生存的能力。接下來，我們會先從風險管理切入，銜接到風險智慧的概念，接著再借鏡軍事思維，大幅提升我們對風險和不確定性的認知。

Chapter 4

風險智慧

Risk Intelligence

前一陣子，某個全球大型企業集團的高階主管，請我們協助檢討董事會的風險管理計畫。他們的作法的確令人印象深刻。除了已確實掌握所有相關的風險類型，也已有效彙整上千種個別風險因子。相關的假設情境和過往紀錄都清楚呈現，並以視覺化方式表現，極富創意。唯有一個地方需要注意：雖然董事會自認為已經妥善掌握整個公司的風險概況，對於公司的安全也很有信心，但他們在制定策略及處理組織和商務決策時，並未參考這些資訊。

這個案例反映出一個更普遍的現象。即使是極度講究的公司，在策略決策和風險管理之間依然存在著落差。管理諮詢公司麥肯錫（McKinsey & Company）近期的分析指出，大部分企業中，商務程序和風險管理之間的連結相當薄弱。許多組織無法指認整體的風險暴露概況，甚或提不出完善的因應措施。大多數時候，組織只會在事後從高層級的角度，將經歷的風險量化，而且大多是為了排定事務的優先處理順序才這麼做。規畫策略時，組織通常是以不完整的假設和風險評估為基礎，而且時常只注重盈虧這個單一面向。[33]正因為對風險的掌握如此貧乏，高階主管自然更不樂意採用風險分析，來輔助重要的商務和組織決策。

若「風險管理」要對高階領導者產生實質效用，它必須被轉變成一種策略資源，不僅能對組織的績效帶來重大貢獻，也讓組織符合時宜。這三十年來，風險管理框架、財務模型、分析工具和實務經驗不斷累積，上述目標的確可以達到。里歐在二〇一三年提出風險智慧的新定義，目的是要傳達一個理念：在支援策略發展和執行方面，風險管理的確能與商業情報和競爭情報一樣，具有無窮的價值。[34]

商業情報透過分析那些與客戶、產品、營運和績效促進因素相關的資料，可協助公司建立完整的商務視野，提升決策品質。[35]如今，商業情報不僅止於彙整報告和視覺化的工具，更可以推動行銷策略的預測分析、改善資源分配，以及提升營運程序。舉例來說，有些藥廠利用精良的統計模型，尋找最有銷售潛力的醫療保健專業人才。這項資訊能與統計分析相互結合，評估不同促銷通路的經濟效益，進而協助開發潛在客戶，並盡可能減少鎖定錯誤客群的風險。

競爭情報有系統地蒐集和分析資訊，能幫助企業更加了解其競爭定位和營運環境，包括對手的優勢、劣勢和企畫。由此所得到的深入見解，能廣泛運用於策略制定、併購、研發，以及多種行銷和品牌打造計畫。某家企業執行大範圍的情報分析後，發現公司的問題源於對風險的態度過於保守，最後只能一味承受風險，而經過該次分析後，該企業成功大幅拓展了在特定B2B市場的版圖。重點是，若只單獨評估該公司對風險的承擔能力，無法明顯察覺這一點，唯有與主要的競爭對手相互比較，才能看出端倪。該公司審愼並選擇性地提高風險，包括增加新的客戶類型、投資研發工作、使用資產負債表來描繪市場商機，成功推升了成長率和股權價值。

比起在制定策略和提升營運效率時廣泛運用這些企業職能，風險偵測和評估還是被定位爲防禦和保衛機制，反映出我們迴避風險的深層慣性。隨著風險管理領域不斷發展，避免及化解威脅已然成爲該領域的主要目標。重要的是，這已經變成一種**事後檢查**，亦即在完成策略、商務和投資決策後，追加執行「安全與健全」驗證工作。

商業情報和競爭情報並非自然浮現的防禦工具，以供維持競爭力、避開策略雷區或改善低落的營運效率。相反地，這些情報需有人用心開發，才能協助組織放眼未來、積極決策。風險管理也能如法炮製，重新調整既有定位，讓組織能在考量策略和主動出擊的前提下，善加利用風險管理的功效。爲了反映上述的體認，里歐給予風險智慧以下定義：[36]

> **組織能夠全盤思考風險和不確定因素、使用淺白語彙清楚說明，並有效採用前瞻的風險概念和工具，來提升決策品質，**

進而減少威脅、善用機會、創造長久存續的價値。

撰寫本書期間，我們發現上述定義與軍事思維相互呼應，都是將風險視爲所有任務的重要特色，而且是創造競爭優勢的寶貴資源。

軍事思維的貢獻

我們在建構對敏捷的認知時，整合商業、金融和美國軍方對風險及不確定性的看法，總是相當引人入勝。正是因爲這樣，我們才發覺，不管是孤注一擲的重大抉擇，還是一般決策，軍事思維對風險智慧和敏捷有多珍貴。

透過軍事思維，我們得以自我提醒，組織始終在迷霧籠罩、充滿磨擦的環境中運作，需時時保持警戒。因此，我們有必要致力增進風險智慧、評估風險所透露的資訊，並仔細描繪風險和不確定因素之間的關係。這種思維也具有策略意涵。對美軍來說，執行策略代表要權衡各種手段、方法、方式、**風險**和事務的優先順序，而風險是促成決策的關鍵助力，並非只是事後檢討的項目。

大部分組織都處於競爭激烈的環境，因此若能採取軍事思維，決策時必能聚焦於競爭對手本身。不斷評估目標、風險暴露程度及接收資訊的情形，成爲成功的必要條件。競爭對手就跟我們一樣會隱藏弱點，也是根據不完整甚至有誤的資訊在判斷情勢。同樣地，他們也會擔心是否具備足夠的能力，足以承受衝擊。這一切，我們都能加以善用，化爲優勢。能夠用來影響自身和他人的風險組合的方法，時常比我們想像中還多。[37]

軍事思維能協助我們保持主動攻擊的狀態，我們在說明敏捷是一種根基於求勝意志的能力時，就已經透露了這一點。一旦我們能夠把握主動權，逼使對手只能被動防禦，他們自然無暇鎖定我們的弱點來發動攻擊。只要我們能抓住機會或發展新能力，就能讓對手屈於下風。反過來說，要是我們裹足不前、無所作爲，通常只會使自己暴露於新的威脅之中，將主導權拱手讓人。

「高階領導者必須負責承擔風險」的觀念深植於美軍文化，但我們認爲，這應該適用於所有組織。軍隊指揮鏈上的所有領導者深知，了解如何評估風險並運用於制定行動計畫，他們責無旁貸。他們必須展現犀利特質，確實檢視是否已全面考量所有相關威脅和後果。他們必須熟悉高風險決策，即使資訊渾沌不明或不完整，也要下決定。最後，追求目標的過程中，高階領導者有責任確認可接受的風險程度，適度承擔風險。

從「風險管理」轉型到「風險智慧」的過程中，舉凡公司在看待事情、監控環境、擬定及評估替代方案、調整組織結構，甚至是與利害關係者溝通的方式，皆需大幅改變。這不代表我們要遺棄傳統的風險管理；在促進內部合規及確保安全與健全度方面，風險管理仍扮演著重要的角色。不過，只要能在所有組織決策中正視風險智慧的重要角色，高階領導者就能發展出以風險爲中心的思維，如此一來，風險偵測和評估工作就會占據不可或缺的關鍵位置，協助組織培養狀態意識、達到成長和獲利目標，以及維持強健的品牌體質，與產業與時俱進。

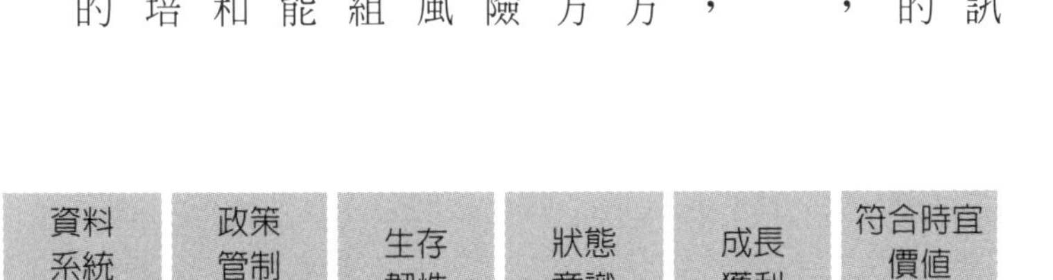

從風險管理到風險智慧

接下來幾章將更全面探討風險智慧，有一個重點顯而易見：運用風險智慧促成組織大部分的重要決策，並非只是一般所謂的「最佳實務」。這是一種需視情況妥善調整的程序，直指組織策略、商業模式以及指揮與管制理念的核心，需要所有人同心協力來履行。這會影響成功的衡量方式和分析系統的設計，對於組織的思考方式、文化，以及指揮鏈上的所有決策，也會產生深遠的影響。一旦整個組織全心採納，風險智慧就會成爲偵測、評估和回應環境變化這整個敏捷程序不可或缺的一環。我們將風險智慧列爲敏捷的重要支柱之一，原因就在此。

風險方程式

當然，大部分組織都很清楚，承擔太多風險很容易惹上麻煩。然而，暴露在大量風險之中的案例仍然比比皆是。英國石油（British Petroleum，現稱ＢＰ）的漏油事件和挑戰者號太空梭空難事故，都是組織承受龐大營運風險的實例，肇因無非是未能確實履行及遵守基本安全標準。美國國際集團（AIG）和雷曼兄弟控股公司（Lehman

Brothers）會倒閉，是因爲資產負債表承受了過多金融風險。美軍現代化的知名失敗案例，例如卡曼契〔Comanche〕直升機、十字軍坦克、未來戰鬥系統，無不歸咎於交貨流程不當的風險管理，且深受官僚制度之苦和缺乏當責機制所導致。[38]

由於組織面臨漸進式倒閉時所受到的衝擊較緩和，使得潛在的風險管理失靈問題受到較小的壓力，但這還是可能跟承擔過量風險一樣致命。猶如柯達（Kodak）、西爾斯百貨（Sears）和雅虎（Yahoo）的案例，迴避風險時常導致發展停滯，進而扼殺促進成長的策略和構想，組織也因而錯失前景看好的機會。惠普（Hewlett-Packard）收購普華永道（PWC，譯注：台灣稱爲資誠）會計事務所的顧問部門失利，反而催化IBM日後跨足資訊科技顧問服務，就是很好的例子。[39]

面對產品銷量不佳所帶來的衝擊，要是降低風險承受能力，將會導致研發預算減少，失去創新動力。如果資產負債表過於保守，財務表現也會淪於平庸。要是營收減少，留住優秀人才和承受經濟衝擊的能力也會連帶受到影響。接著，競爭力、投資人信心，以及與產業的關聯都會相繼流失，於是董事會和高階主管備感壓力，勢必得重新評估風險容忍度，甚至將公司出售。

要體現風險智慧，需先全盤掌握整個組織所承受的風險，因此，組織勢必得設法衡量具有不同性質和衝擊力道的各種風險。每個組織都有不同的風險組合需要仔細監控。以國安爲例，相關風險不僅可能導致失去生命和實體資產，也會使名譽、信用、影響力受損，最後致使國家失去獨立狀態。經濟領域中，寬鬆貨幣政策會推升通貨膨脹和金融危機的風險，而不友善的監管政策則會抑制經濟發展的活力，影響長期的經濟繁榮。企業界中，公司和投資人承受的各種策略、營運、網路安全、商譽和財務風險因子，更是不計其數。

想要建構對整體風險的完整認知，需先從定義風險著手，而這通常可從絕對和相對的角度切入。有時，風險可視爲特定傷害或損失的可能性，例如天災可能造成的經濟損失。其他情況下，我們則應使用相對概念，例如將風險定義爲無法達成預定目標的機率。[40]

舉例來說，員工提撥薪資到確定給付制退休基金計畫（defined-benefit pension plan）的金額，取決於兩個主要因素：承諾的未來退休金，以及假設的未來投資報酬率。要是礙於市場和信用風險，導致無法實現預計的投資報酬率，退休基金計畫就必須減少未來支付的金額、提高員工目前的提撥金額，或承擔更大的風險，以彌補預期和現實之間的金額落差。

我們的敏捷框架同時關照絕對風險和相對風險，著眼於彼此密切關聯的三項動態因子：**弱點**（vulnerability）、**機率**（likelihood）和**結果**（consequence）。這些因子以方程式表示如下：

風險＝弱點×機率×結果

弱點包含所有可能造成傷害或損失（不管是直接或間接）的來源。遭受網路攻擊或新產品推出失利，都是直接弱點。相對地，如同前一章所提，客戶或合作夥伴的網路防護漏洞，可能成爲我們的間接弱點。另外，組織的間接弱點也可能源自本身內部的缺失，例如缺乏風險意識或仰賴對未來的預測。

機率表示該傷害或損失可能眞正發生的機會。

至於結果，則是指風險造成的諸多後果和副作用，不論正面或負面、直接或間接，皆包含在內。舉個例子，假設有家知名銀行因爲不當的風險管理、內部治理和獲利誘因，產生龐大損失（回想一下摩根大通〔JP Morgan〕在二〇一二年爆發的「倫敦鯨」鉅額損失事件[41]），或是製造商以往在營運和社會責任方面表現出色，但嚴重破壞環境，造成環境浩劫。這兩個案例中，事件的後續影響都遠遠超過事件直接造成的結果（財務損失）。品牌商譽受創，企業遭監管機關懲處，即使想留住顧客和員工，都會成爲棘手難題。在更極端的案例中，發生問題的企業甚至無法進入資本市場，因而引發惡性循環，最後時常只能黯然退場。

我們提出的風險方程式，並非眞正的計算方程式，其宗旨單純是爲了指出主要的風險控制項，強調控制項之間相互依存的密切關係，並建立起溝通的共同基礎，期能爲讀者帶來啓發。不過，值得注意的是，這與實務上估算風險的方式相去不遠。舉例來說，業界通常會評估借貸總額（弱點）、違約機率，以及無法收回的借貸金額占比（結果），以量化信用風險。

風險方程式還有另一個重點，就是該方程式提供的是值得納入思考的一連串可能發展，而非單一情況。各種後果一覽無遺，每一種都是源於同一組弱點，且各自具有不同的發生機率和結果。軍事行動可能將軍隊往前推進一些，或往後撤退一點，而非絕對的勝利或戰敗。新產品上市後，顧客喜歡或不買單的可能原因五花八門。股市投資很可能每個月微幅獲利或虧損，造成的衝擊不大。然而，我們的投資也可能在單月內失去大部分價值，雖然發生的機會不高，但代價極爲龐大。上述所有可能的結果與其發生機率集結起來，便構成「機率分布」（probability distribution）。

我們必須充分理解這三種風險控制項的動態關係，並主動應用。對此，軍事思維能提供寶貴貢獻。如果過度擔憂自身的某些弱點，我們可能會採取較偏防禦的被動態度，不願意把握機會，因而喪失可能的優勢。雖然我們的弱點的確可能引來對手發動攻擊，但可以設法讓對手在進犯時連同賠上慘痛的代價，以減少遭受惡意攻擊的機率。我們有必要釐清對手的風險方程式，而這項能力會是增進風險智慧的重要關鍵。

不僅有能力主動而慎重地修改自身的風險方程式，還能心有餘力地改變對手的風險方程式，就是敏捷的特徵。善用其他因素產生遏止效果，改變地緣政治對手的風險方程式，是美軍的例行工作。舉例來說，冷戰已清楚示範如何利用互相毀滅的威脅，大幅減少核子攻擊發生的機率。只不過，若是面對有管道取得大規模毀滅武器的非國家行為者，這種遏止方法的成效就會大打折扣，因為這類行為者通常組成群體，行動靈敏，且分散各地，無法像特定國家一樣有明確的目標可以鎖定。謹記，**「遏止策略」的成效，取決於所有人在負面結果中所需承擔的風險**，這一點相當重要。

在軍事思維中，競爭對手扮演著顯著又明確的角色，具有重要涵意。在商業和金融領域，風險管理時常假設事件發生的機率遠非我們所能控制。不過，軍事思維認爲，我們採取的行動和能力可能影響對手、反對者，以及複雜適應系統中其他各方的行爲，促使我們質疑這項假設。

同時評估風險和機會

討論風險時，我們都發現對風險的想法充滿了矛盾。一方面，我們了解風險源自於弱點，而且可能造成負面結果（包括步向毀滅），因此我們習慣負面看待風險。一想到風險可能導致的結果，機率又具有舉足輕重的地位，我們就不禁心生恐懼，擔心無法完全掌控自己的命運。很不幸地，事實的確是如此。另一方面，我們理解幾乎所有事情都要適度冒險，才能達成預定的目標，我們終究也接受了這個觀點。

歷史上，許多偉大的作家、領導者和哲學家都曾對風險的這種雙重本質發表看法，指出風險在成就卓越和引致滅亡的核心地位。有趣的是，其中最敏銳的觀察來自厄爾·南丁格爾（Earl Nightingale），他是知名的演說家與作家，也曾進入美國海軍陸戰隊服役。珍珠港事件中，他在亞利桑納號戰艦（USS Arizona）上遭遇日軍轟炸，奇蹟地存活下來。南丁格爾對人類特質發展和動機提出許多想法，他指出，風險和機會不僅「如影隨形」，也應「以同一把尺衡量」，廣爲流傳。就我們所知，雖然他未曾解釋這段話的意思，但這段話貼切描述了風險方程式的功用（以一種必要機制評估同一風險的正反兩面），使我們備感驚喜。[42]從他的觀察中，我們得以領略風險和機會實爲一體兩面。

當然，這並不表示兩者隱含相同的潛在價值或危險。事實上，如同塔雷伯在《反脆弱》（*Antifragile*）一書中所言，人類努力達成的許多事物中，潛在的損失和機會並不對稱。他舉例指出，借錢給人通常好處有限。如果一切照預期中順利進展，我們能收回本金加上微薄的利息。另一方面，可能的代價卻遠遠更大：我們血本無歸。投資研發工作的風險/機會概況正好相反。如果總研發預算編列得當，即便所有研發計畫最終都以失敗收場，也不會危及公司的生存。相反地，如同本書一貫的立場，研發可能促進創新，進而推動整體轉型，這不僅能將存續的機率提升到最高，也能促使組織成長、推升財務表現，並強化企業與業界的關聯。**理解風險和機會之間的不對稱關係，並且積極管理，正是風險智慧的另一個重點。**

敏捷思維中，風險並非就是正面或負面。相反地，呼應前文所提，風險是決策者箭袋中不可少的銳箭。如果我們可以熟練地偵測及評估環境的變化，這些銳箭能協助我們靈巧地管理風險組合，並改變對手的風險方程式。我們必須持續不懈地實踐，就像高階領導者全心投入商業計畫、組織轉型和策略投資一樣，全力以赴。

風險與不確定性

風險方程式的另一個重要好處，是它不僅適用於風險，也可以衡量不確定性，早在將近一個世紀前，偉大的經濟學家法蘭克・奈特（Frank Knight）就已經正式提出這個概念。曾獲諾貝爾獎的經濟學家艾德蒙・菲爾普斯（Edmund Phelps）爲里歐的《金融達爾文主義》一書寫序，內文寫道：

> 奈特觀察美國商業運作的情況後，率先指出大多數商業決策（尤其是策略性質的決定）或多或少都會涉及未知……創業經營公司可能產生不同結果，每一種結果都有可能發生，但發生的機率並不可知……奈特氏不確定性（Knightian

uncertainty）並非因爲決策者無從掌握某些因素而產生，而是因爲眞實情況、未來和現在都具有未知的特性，而決策所產生的結果正是取決於這些要素。

很明顯地，奈特對商業環境本質的看法，相當貼近克勞塞維茲認爲所有軍事衝突皆處於迷霧和磨擦之中的觀點。

想要具備敏捷力，組織必須明確體認「風險」和「不確定性」的本質，並針對其代表的不同威脅和機會，發展出個別的因應之道。

不確定性與風險截然不同，因爲一談到不確定性，勢必得接受可能的結果和發生機率全然未知的事實。例如，縱使基因編輯可根除瘧疾病媒蚊，但對生態所造成的結果（以及成功機率）並不可知。企圖評估超智慧（superintelligence，編注：人工智慧的升級強化版，擁有超過最聰明、最有天賦的人類思想的智力）在二〇五〇年接管世界的機率，或是量子電腦（quantum computer，編注：使用量子邏輯進行通用計算的設備，用來存儲數據的對象是量子位元，使用量子演算法來進行數據操作）可能對經濟和金融市場帶來的危險，也同樣不可行。[43]

相反地，風險是指：事件和工作的可能結果，是可知且能合理地準確推斷。每種結果都有發生的機率，我們可以使用理論或實證模型運算這些機率。例如，我們可以判斷投資道瓊工業平均指數（Dow Jones Industrial Average index）一年可能的合理虧損範圍，接著使用統計方法分析過去的歷史資料和對未來的假設，預估各種結果的發生機率。如此一來，我們就能獲得機率分布，了解風險和機會的整體概況。再舉另一個例子，我們可以鎖定多種相關因素，分析過去的死亡率和事故發生率，有效制定各種壽險和車險的保險費用。此外，我們也能利用不同理論模型，針對賭場中不同形式的博奕活動計算輸贏的機率。

重要的是，由於競爭環境籠罩在迷霧之中，而且充斥著各種磨擦，即使在實務上面對再熟知不過的風險，還是得在不確定性底下完成複雜的決策行為。事實上，依照分析模型所採用的不同歷史資料或預設環境和假設，我們可以得到多種風險預估值，其中有些數值的差距可能相當可觀。[44]

我們必須認清不確定性的本質，在不訴諸預測或執行僵化策略的情況下，確實正視不確定性。這一切必須先從識別可能嚴重影響組織的不確定領域開始著手，例如科技進展、氣候變遷的影響，或是地緣政治環境的變化（第六章會進一步說明）。這樣一來，我們可以設想多種未來可能發生的情景，並評估隨之而來的弱點和結果（並非機率！）。這能協助我們思考一系列可能採取的行動，以因應不同發展、威脅和機會。當然，未來終究會與我們設想的情景不同，而我們最後採取的行動絕對有別於既有的應變計畫。然而，正是這種**規畫行為**提升了我們對環境的理解，協助我們認清變化、憑藉風險智慧研擬回應之道，並在正確時機果斷執行，最終才能實現敏捷的真諦。

高階領導者的責任包括：清楚說明風險所在和不確定因素、了解取得各種估計值和推估情形的方式，以及掌握所採用的假設。有了這些認知之後，他們便能透過策略權衡，審慎判斷需承受的適當風險。

策略權衡

目標↕風險×能力

目標、風險、能力等三項動態因素結合形成策略權衡程序，如下所示：

所謂的「能力」，可以讓我們在追求預定目標時承受一定的風險，相當於最廣泛意義上的資源。金融領域中，能力通常定義爲「資本」，也就是足以吸收財務損失的貨幣資源。在太空探測領域中，能力可能是指在損失人力與設備的情況下，維持現場情況的能耐。在企業界，公司得以正常運作的營運能力，包括人力資本、頻寬和持續不斷的電力。風險方程式能大幅拓展我們對組織能力的認知，以此爲基礎推知可能的結果。接著，我們才能開始思考風險造成的直接和間接結果。以商業領域爲例，企業需要針對財務損失或營運停擺等風險，確實評估策略、法規和商譽等方面的副作用。

軍事思維進一步延伸「能力」這個概念，從中我們可以得知，無形的人力要素（例如求勝的意志、生理能力和精神力量）也同等重要。拿破崙有句名言說：「精神之於生理，相當於三比一。」在風險面前要是高估自身的整體能力，我們的表現將會陷入險境，甚至危及生存。

在先前提到的哥倫比亞號事故中，美國國家航空暨太空總署（以下簡稱NASA）的高階領導者，並未善盡策略權衡的職責。哥倫比亞號發射時機翼損壞，安全出現漏洞，但領導者認爲這個風險還在可接受的範圍內。基本上，NASA誤判受損的嚴重程度，以及災難事故的發生機率。這起事件讓我們想起同樣嚴重的另一起意外：一九八六年的挑戰者號太空梭事故，這起事件肇因於更嚴重的風險管理失靈。重要的是，決策者在評估太空梭和艙內組員的安全時，並未清楚指出另一個截然不同的風險方程式，亦即美國本身的安全。除了令人難過的傷亡人數之外，這起空難使社會士氣和NASA的名聲嚴重受挫，導致美國政府不願承擔額外損失的風險，繼而影響後續數十年美國太空探勘計畫的進展。

換言之，追求太空探測的目標時，美國政府其實承受了性命和財產損失的風險。失去這兩艘太空梭，已經超過美國的風險承受能力。事件發生後，美國政府的風險承受度下降，使原本的目標更無法達成。

認知陷阱

本書中，我們會不時回頭探討一個主題：行爲偏誤會如何傷害組織的敏捷力。前一章就曾討論過這個面向，不過當時是聚焦在對環境變遷的偵測及評估。毫不意外的是，這類偏誤現象（行爲經濟學家再熟知不過）也會對風險評估和策略權衡等工作，產生深層的影響。比較特別的地方，在於我們通常會忽視或嚴重高估極罕見事件的發生機率，而且特別關注我們認爲能夠管理的風險，並較重視近期發生的事情，即使久遠之前的事件與眼前的風險息息相關，也難以成爲焦點。類似的行爲偏誤不勝枚舉，因此組織有必要鼓勵互助風氣，讓所有人都能認清認知偏誤的破壞力，提早防範。

除此之外，如果一味容忍策略矛盾，或甚至缺乏相關意識，也會嚴重破壞風險評估和策略權衡的成效。關於缺乏意識這一點，二〇一五年至二〇一六年間的「聯合全面行動計畫」（Joint Comprehensive Plan of Action，俗稱爲伊朗核協議）就是實例。西方民主國家有幾項重要的國家利益和安全目標與伊朗有關，包括防止該國發展核武，以及嚴格限制其對西方世界發起混合戰的意圖和能力。雖然上述協議試圖達成核武不再擴散的目標，但同時也緩解了原本癱瘓伊朗經濟發展的經濟制裁措施。伊朗因而得以取得資源（絲毫不受限制），繼續壯大侵略他國的實力。事實上，伊朗對恐怖組織的資助，以及涉入代理人爭議和網路戰的程度，從那時開始可說是有增無減。

策略矛盾會產生重大風險，務必全面掌控。要是最後選擇接受策略矛盾，必定是在策略權衡之下，掌握明確細節而刻意爲之的冒險決策。隨著若有似無的策略矛盾不斷累積，即便每項行動都能合理解釋，整體策略還是可能在風險超載之際崩潰。

案例：日本福島核災

一九六〇年代晚期，東京電力公司與日本政府合作，著手興建福島第一核電廠。這項計畫反映出日本的能源需求，同時也傳達日本追求可再生能源的決心，以及東京電力公司為股東創造價值的意圖。二〇一一年三月十一日，地震引發一場海嘯浩劫，海水衝破了核電廠的堤防，造成核子事故，除了大量放射性物質外洩，總損失更高達一千五百億美元。

福島第一核電廠事故是東京電力公司、政府官員和監管機構，在風險評估與策略權衡上雙雙失靈的結果。首先，他們嚴重低估了天災對電廠運作的威脅。理查・克拉克（Richard Clarke）和艾迪（R. P. Eddy）在《Warnings!》一書中指出，儘管專家已多次提出警告，也開了不下十次地震救災會議，但相關人員仍認為海嘯產生的風險無關緊要。承接前文所述，人類通常較看重近期發生的事情，福島電廠核外洩事件就是活生生的案例。

日方援引一九三八年發生的小海嘯，以此支持其風險評估的結論，而好幾個世紀前極大規模的海嘯，則有如「神話」般遙遠，無關痛癢。組織方面的因素（例如壓制反對意見和存心忽視）會使問題惡化。在風險評估失當的前提下，編列的建造成本自然會遭到刪減，因此東京電力公司降低了電廠的高度，蓋了相對較低的堤防，並把備援的發電機設置在可能遭洪水淹沒的地點。這一切無不增加電廠的弱點，削弱其抵抗重大天災的能力。因此，目標、風險和能力之間可說是嚴重失衡。

當時日本政府尚不明瞭的是，福島的風險方程式不僅適用於核電廠本身，也關乎全日本的利益，因爲電廠在設計和建造時的策略權衡失當，爲該國的能源和經濟政策帶來新的弱點。日本高估了自身承受核電廠爐心熔毀的能力，甚至未曾思考過這一點。因此，在我們撰寫本書期間，日本只有少數幾座核電廠正常運轉，使國內對進口能源和不可再生能源的依賴大幅提高。[45]

福島核災貼切示範了反敏捷行爲，這在金融業普遍稱爲「預支未來」。雖然防護措施、防範機制或威嚇作爲的成本立即可見，但有時我們仍難免僥倖認爲，未來不一定會蒙受損失。從策略權衡的角度來說，當我們低估不良事件的發生機率，或高估自己承擔負面結果的能力，就會產生僥倖心態。克拉克和艾迪進一步解釋，東京電力公司大可在興建電廠時就加強防護措施，像是墊高電廠地基、加高堤防、落實防水設計，或是調整備用發電機的位置。相反地，東京電力公司選擇省錢而捨棄這些預防機制，把命運交給上天。日本政府近來已將福島核災定調為**人禍**。[46]

❖　❖　❖

本書在談論謹慎冒險、參照風險情報決策，以及慎重採取行動時，背後指的都是組織理解風險方程式及審慎規畫策略的能力。談完如何分析風險及配合目標和資源後，後面兩章會將重點轉向探討一個事實：組織實際上面臨許多風險，且各種風險之間關係緊密。我們將會解說這些風險組合概念化及管理的方式，闡述風險組合如何對組織的存亡和績效帶來深遠的影響，並探討這一切對敏捷的意義。我們會先說明風險智慧如何提供嶄新觀點，協助我們了解及推動商業模式轉型，而這一切，都要從將組織視為動態風險組合做起。

Chapter 5

認清事務本質

What Business Are We In?

二〇〇七年夏天，那時距離投資銀行貝爾斯登倒閉還有好幾個月，執行長吉米・凱恩（Jimmy Cayne）召集公司的高階合夥人，準備鼓舞團隊士氣。

貝爾斯登旗下兩大抵押貸款避險基金暴跌，里歐和他的同事見狀不免憂心忡忡。第一，這起事件對該公司品牌造成致命傷害的機率顯而易見，因為貝爾斯登在大眾公認其最擅長的領域，也就是不動產抵押貸款證券和風險管理上慘遭滑鐵盧。第二，兩大避險基金的慘況，可能預示著更大規模的危機即將到來，在如此愁雲慘霧的氣氛下，市場對於貝爾斯登在不動產抵押貸款和非流動性結構化產品的風險暴露情況，自然感到憂心。

凱恩似乎毫不緊張。事實上，他不僅預測貝爾斯登會順利度過這次的「小」挫折，而且能在混亂的市場中善用所有機會，逆勢成長。他繼續描繪精采可期的發展前景，表示公司自一九二三年成立以來，不管時局是好是壞，最後總能在競爭中脫穎而出，因為公司屬於「流動型產業，並非儲藏型產業」。無庸置疑，凱恩的這席話道出了他內心真正的想法：貝爾斯登的業務是要協助客戶交易、設計及銷售複雜的金融產品，而非將高風險的資產保留在資產負債表上，使公司本身的資本承受風險。

幾位在場的合夥人滿臉疑惑，或許是聯想到電影《你整我，我整你》（*Trading*

Places）中衆所皆知的那一幕，想起劇中角色討論金融產品經紀人擁有哪些特權。這個職業的確令人稱羨，因爲不管客戶賺錢或賠錢，經紀人都能從中抽取佣金。

明眼人都知道，這裡的問題在於，凱恩所表達的看法與現實完全脫節。二〇〇七年，貝爾斯登的資產負債表上已充斥非流動性結構化產品和衍生性商品，而其他投資同業和商業銀行也不遑多讓。一旦房市崩盤，這些部分的價格必定跟著慘跌。猶如銀行發生擠兌一樣，要是在遭逢財務損失時，又無法從資本市場借貸資金紓困，公司便將面臨攸關存亡的巨大威脅。事實上，貝爾斯登有很長一段時間都是屬於「儲藏型產業」，但舉凡高階主管的信念、處事的優先順序，或是公司管理風險的方式，皆未眞實反映這一點。[47]

組織即風險組合

當然，凱恩並非唯一實例，對風險抱持錯誤認知的案例在金融業隨處可見。我們合作過的高階管理團隊和董事會中，不少人無法全盤掌握組織的風險暴露情形，導致其幾乎無法評估潛在威脅、擬定緊急應變計畫，也無法在危機發生時果斷行動。重要的是，外部利害關係者同樣具有類似的風險盲點。

事實上，雖然美國前幾大投資銀行的命運大不同，[48]但其個別在危機爆發前夕的信用評比、借款成本和本益比幾乎相同。換句話說，眾多投資人、交易對手（counterparty）、監管機關，以及專門分析業界公司的評比機構，都無法區別不同企業的財務健全度和危機整備度，有效識別哪些企業體質良好，而哪些終究會面臨倒閉的命運。爲什麼會這樣？

市場觀察家爲了理解公司和商業模式而普遍參考範例，這種作法似乎相當嚴謹且面面俱到。他們會檢視企業的產品、服務和組織結構；分析企業的資產負債表、損益表和營收來源；探討企業的競爭定位和市場地位；也會評估各種外部指標，例如信用評等、股價、借款成本和品牌的股權估值。企業內部的董事會和領導團隊會使用相同框架、語彙和工具，共同制定策略及確立執行方向。

然而，儘管有這麼多條件層層把關，但時常是企業營收和股權估值達到顛峰後，各種重大問題馬上就接踵而來。無論是倒閉還是苟延殘喘，企業一旦走到這個地步，對內部和外部利害關係者都是晴天霹靂，令人驚訝萬分。事後檢討時會發現，關鍵計畫失敗的原因，往往都是公司原本有能力控制的因素。我們認為，這個現象始終都指向一個事實：傳統方法無法有效揭露問題的根源。這個關鍵，就在於組織的本質其實是風險組合。[49]

這樣的風險組合是一連串不透明的複雜程序所得出的結果。隨著指揮鏈上不斷發生各種決策、行動和協議，各種大大小小的風險持續累積、消失、結合、整併。創新、策略計畫和例行活動，加上環境瞬息萬變，無不推動風險組合不斷演變。不管是類型還是程度上，我們面臨的各種風險都會隨時間不斷改變，整體所需承受的風險總量也是如此。對此，敏捷組織會持續不懈地反覆評估風險組合，並積極恢復風險組合的平衡。

二〇〇九年爆發的歐盟主權債務危機，就已清楚顯示未履行上述職責可能衍生的危險。一家知名跨國公司歷經瀕臨倒閉的危機後，董事會請我們協助分析公司現況。我們的任務是要找出公司發生嚴重財務損失的主要因素。這些因素在當時並不明顯，可能是商業模式行不通、風險管理或公司治理有瑕疵、內部文化缺失或其他各種原因。我們必須提出建議，協助董事會打造更有韌性並兼具風險智慧的企業。[50]

從一開始，董事和高階主管描述重要策略決策時所使用的詞彙就值得注意。他們解釋，自從二〇〇一年至二〇〇二年的網路泡沫化危機之後，公司陸續向競爭對手便宜併購其拋售的資產，因爲這樣，公司得以推動幾項成功的產品創新計畫，進而提升公司的市占率，營收也因而日漸攀升。幾年後，公司垂直整合了幾條富有潛力的產線，順利造就規模經濟，獲利也順勢成長。即將邁入二〇一〇年之際，公司透過併購推動轉型，跨入新的市場。華爾街的分析師、信評機構和股東極其樂見所有發展，而公司的股價表現也相當亮眼。

不過有一個問題。以上敘述完全沒有對後續發生的危機提供任何預警，包括財務損失、資本耗竭、管理機制癱瘓，以及無法進入資本市場。從風險的角度分析該公司的策略行動，可幫助我們鎖定主要因素：在「轉型」併購交易、「創新」產品開發、「大膽」重組等行動背後，都意味著公司需要承受更大的風險。「便宜」收購資產的結果，就是資產負債表的資產面承受更多信用風險。產品創新爲公司的債務加入大量市場風險。垂直整合帶來完全陌生的外匯和營運風險，而該公司並未做好管理這些風險的準備。利用高槓桿併購競爭對手，使該公司吸收市場衝擊的能力顯得左支右絀。

外部利害關係者大多看不見這些事情對企業安全和體質的眞正影響。不僅如此，內部人士對實際情況也有誤解，否則高階領導者不會對風險有多處誤判。最致命的錯誤則是未能認清一個事實：上述策略計畫衍生出嚴重的系統性風險。

所有風險都能分成獨特性和系統性等兩大類別。獨特性風險（idiosyncratic risk）存在於個別組織、資產或計畫，因此可透過多角化經營（diversification）來加以管理。相對地，系統性風險（systematic risk）則表示經濟體系、金融市場和政治環境出現變化。在商業和金融領域中，系統性風險（包括利率、股市指標、整體經濟的信用違約率和匯率）是由景氣循環、貨幣和財經政策，以及市場供需所帶動。有別於獨特性風險，系統性風險無法透過多角化經營來妥善管理。若要減少所承受的風險，勢必得仰賴財務交易，例如投保、重新調整資產和債務結構，或善用衍生性金融商品來避險。

上述企業的領導者以爲，公司的整體風險可以透過前述看似不同的企業行動來分散，但這並不正確。該企業無法完全承受性質迥異的所有風險，因此領導者的想法無法實際受到檢驗。另外，評估風險時，該公司參考的資料都是取自風平浪靜的市場環境，致使領導者陷入太平盛世的假象，導致公司必須承受大量風險。這一切作爲連帶導致策略權衡有所缺失，使該公司的目標、風險、承擔風險的能力之間出現落差，無法促成有效的決策。

追根究柢，對風險組合的誤解和管理失當，才是決定結果的主要因素，並非該企業的策略失效、競爭力不足，或是欠缺執行效率。該公司從未設法了解整體風險概況，因而無法識別及監控那些可能使公司陷入困境的環境狀況。公司缺少能夠化解風險的緊急應變計畫。儘管公司已在危險邊緣搖搖欲墜，但所有人在無形中承受了諸多風險卻毫無警覺且毫無準備，反而將心力和資源投入其他地方。

這家客戶的災難可說是反敏捷行為的集大成，我們稱之為「盲飛」（flying blind）。只要未能全面了解風險組合及其在商業模式中的角色，或是風險組合與營運實況的關係，就形同閉著眼睛飛行。

或許我們只是沒有意識到組織所面臨的某些風險，即便發現了風險，我們還是可能誤判風險性質或風險方程式，搞錯策略權衡的方向。或者，我們未能妥善連結自身的風險暴露情形與環境的相關變化，如同貝爾斯登公司未能認清自身的「儲藏型業務」，由此反思美國房貸市場日益加深的裂痕。同樣地，百視達（Blockbuster）並未立基於本身面臨的策略風險，思考日後串流成為娛樂內容主流形式的可能性。當然，盲飛與敏捷是完全相反的兩種特質，接下來要探討的主流組織實務也與敏捷背道而馳。

如何找出破口

過去這些年來，我們見識過太多實例，都是組織無法有效識別及評估眼前的風險，但他們都不約而同地認爲，風險是「商業固有的特質」。在此認知下，領導者往往會放任風險累積而未妥善管理。[51]里歐在《金融達爾文主義》一書中指出，這種作法（他稱爲靜態商業模式）等於是將組織的命運交由外力決定，組織形同射擊遊戲攤位上的鴨子立牌，毫無防備。

長久以來，國家美式足球聯盟（US National Football League, NFL）都認爲腦震盪是這項運動難以避免的職業傷害。每隊每年平均會發生七．五起腦震盪事件，不管是從各隊或整個聯盟來看，這個數字似乎還算可以接受。[52]然而，當退役的國家美式足球聯盟球員出現嚴重認知與記憶障礙的比率逐漸攀升，事情似乎就沒這麼單純了。研究人員開始認爲，退化性腦部疾病或許可歸因於不斷發生頭部外傷。

由於這種刻意不作爲的風險管理態度，國家美式足球聯盟面臨了求償數百萬美元的集體訴訟。如今，該聯盟採取多項策略，積極管理球員腦震盪的風險，包含編列更多預算投入醫療和神經科學研究、改良頭盔設計，以及調整頭盔撞擊（helmet hit）等比賽規則。[53]

商業和金融領域中，靜態商業模式幾乎一定會伴隨系統性風險。由於這類風險會隨景氣循環和其他總體經濟因素波動，企業的財務表現通常也會起伏不定，循環週期相當明顯。[54]舉例來說，匯率走向不利於貿易時，匯差可能會抵銷掉跨國企業的營業收入，而這類企業多半認爲外匯風險是經商固有的特性。景氣蕭條時，廣告公司和承作房貸的創始機構（mortgage originator），通常會面臨營收減少的窘境。未積極管控總體經濟信用風險的小型銀行，收入容易隨著景氣波動而增減。同樣地，若在不同景氣循環波段中，資產管理人始終處在相同的風險暴露壓力下，其投資報酬表現通常不太穩定，時常呈現明顯的週期規律。

除了績效表現不穩、週期明顯之外，靜態商業模式也與敏捷背道而馳，因爲這會導致企業和投資人在遭遇大環境的惡性循環時（過去三十年間特別明顯），體質特別脆弱。金融產業就是血淋淋的實際案例。

風險暴露的惡性循環

長期經濟擴張期間，寬鬆貨幣政策盛行，或甚至開始出現市場泡沫，此時承擔風險所能獲得的報酬減少。面對隨之而來的營收壓力，敏捷的金融公司和投資者會謹慎評估環境、衡量風險方程式，並運用策略權衡能力分析各種替代方案。或許他們會調降營收目標，並提前爲利害關係者做好報酬減少的心理準備，靜待市場止跌回升。他們也可能決定主動減少承受的風險，以維持相同的營收水準，或者試著提高獲利，或尋找能帶來迷人商機的新產品和市場。這整個過程會相當明確，毫無模糊空間：如果最後決定甘冒更大的風險，就得搭配更完善的風險意識、保護措施和緊急應變計畫。

採行靜態商業模式的金融公司和投資者，通常會在既有業務領域中提高風險，或是跨足不熟悉的業務，以爲這樣就能分散風險。這幾乎是業界不變的鐵律。他們時常誤解這類額外風險所造成的衝擊，尤其是牽涉到公司承受損失的能力時，誤解更深。

撇除這類案例不談，其他組織或許能察覺自身的體質每況愈下，但誠如花旗集團執行長查克．普林斯（Chuck Prince）所言，他們仍得繼續把舞跳下去。一旦這種行爲成了集體現象，便會啓動惡性循環。承受的風險愈大，將進一步壓縮風險所能帶來的市場報酬。因此，爲了跟上同業水準及達成營收目標，企業組織不惜提高槓桿、承擔更多風險，以因應局勢所需。這種情況下，要是錯誤的言論和觀念蔚爲流行，情況通常會雪上加霜，產生一切安好的假象，形成集體忽視風險和不確定因素的現象。

去槓桿化的惡性循環

這些「鴨子立牌」甘於承擔更多風險以回應營收壓力，直到承平時代過去，他們才驀然發現自己的命運全由外力支配，自己毫無反抗之力。一旦出現非預期的催化因素或引爆點，原本還能自我調適的環境將逐漸朝著混亂的邊緣急駛而去，終至釀成金融危機。

當危機開始浮上檯面，初期的市場亂象會驚動業界，使避險行爲急遽增加。套句前聯準會主席艾倫．葛林斯潘（Alan Greenspan）的說法，正常環境中促使人類冒險和從事經濟活動的「動物本能」（animal spirits），此時會屈服於恐懼。[55]在滿是迷霧和磨擦的世界中，人類仔細思量後才謹慎行動的行爲模式已不復見，取而代之的是「不作爲」以及「戰鬥和逃跑」（fight and flight）反應。股票、債券、貸款、公司等金融資產的價值開始走下坡，同時，信用違約的現象開始增加。

當這些「鴨子立牌」不得不去槓桿（遭追繳保證金、資本不足或內部的風險容忍度降低），他們可能會試著出售高風險資產，但此時卻會發現沒有買家要買，即使是流動性極高的金融市場也興趣缺缺。[56]此外，融資管道紛紛關閉，即使是穩定經營的知名企業也時常不得其門而入。在逼不得已的情況下，他們只能出售未受危機影響的資產部位，金融市場因而迎來虧損的浪潮。系統性風險開始全面蔓延，使「多角化經營」策略不再奏效。自從一九八七年的全球股災以後，大多數金融危機都循著上述過程一再重演。

能深入理解並主動管理風險組合，是敏捷的一大特徵。如果組織具備這項特質，無論是在正常運作的環境，還是危機爆發之時，都能從容地化解威脅，把握機會。相反地，要是組織無法徹底掌握或主動管理其風險組合，原因包括缺乏風險智慧、行事優柔寡斷、管理方向錯誤，便只能放棄主動權，任由無法控制的外力決定其命運。下一章將會深入敏捷程序，探討監控及管理風險和不確定性的務實作法。

就敏捷特質來說，風險智慧扮演著另一個重要的角色：它能賦予我們嶄新的視野，使我們重新看待組織、商業模式和策略提案。接下來就談談這個主題。

從風險看商業模式

根據克勞塞維茲的說法，政治家或指揮官在戰爭期間最重要的任務，是要了解「眼前所面對的戰爭類型，不能誤判，也不能企圖將戰爭形塑成有違其本質的樣貌」。對所有組織來說，類似的判斷行爲勢必要回答一個看似相當直截了當的問題：「我們的業務是什麼性質？」

即便高階領導者熟知組織所有的相關資訊，但要準確回答這個問題，可能仍覺得吃力。要是外部利害關係者（像是客戶、投資人或監管機關）試圖回答，更是難上加難。原因之一，在於有關組織的所有敘述（不管內部或外部），時常將宗旨、目標、方法、手段混爲一談，使「業務項目」、「營運方式」和「經營原因」之間的界線模糊不清。另外，這些敘述無法說明組織追求目標時所承受的風險，也並未解釋組織在不同時期重新平衡風險的方法。換言之，組織並未揭露「業務性質」這道問題的關鍵面向。

以谷歌（Google）的母公司 Alphabet 爲例。谷歌的成立願景是要組織全球資訊，讓資訊「供所有人使用以發揮應有效用」，基於這樣的前提，Alphabet經營好幾種業務，期能共同成就一番願景。劃時代的搜尋引擎搭配各種軟體方案、雲端運算事業，以及多種數位技術產品，相輔相成。該企業也跨足硬體產業，推出Chromebook電腦、居家數位助理及谷歌眼鏡等產品。同時，他們還研發無人車，並發展太空探勘技術。綜合以上業務，Alphabet可說是匯集多方技術的平台，範圍涵蓋數位和數位輔助產品及服務、軟體和硬體。

相信大家對這段有關Alphabet公司的描述並不陌生，但這種陳述法容易模糊一個重點：該企業二〇一六年的營收約有九百億美元，其中將近九〇%來自廣告業務。事實上，該公司的許多產線（性質、活動和運用的基礎技術可說是南轅北轍）都是爲了盡可能延長使用者在網路上的時間，這樣谷歌才能提供更多廣告給使用者。該企業的熱門網站、應用程式，以及透過合作夥伴網站所連結的線上資產，都是爲了瞄準受衆精準投放廣告而設計，他們之所以向客戶收取高額廣告費，並非全無道理。從這個角度來看，Alphabet基本上是一家數位廣告商。[57]

就像其他科技業同行一樣，數位廣告公司都面臨幾種類似的風險，勢必得妥善管理。當迅速崛起的Instagram千方百計想吸引使用者的注意力，臉書（Facebook）在二〇一二年決定買下這家公司，化解其中的策略風險。接下來幾年，谷歌必定得正面迎擊在消費者產品搜尋領域攻城掠地的亞馬遜（Amazon），捍衛原有的數位廣告版圖。[58]

數位廣告商也像所有組織一樣，必須提防網路安全威脅，二〇一七年美國信貸機構易速傳眞（Equifax）發生大規模的資料外洩事件，就是值得警惕的例子。另外，他們也將面臨「商業本質」所帶來的財務風險，因爲經濟衰退時，廣告營收通常會隨之減少。

在其他重要面向上，數位廣告公司的風險組合就與科技公司大相逕庭。要是公司的領導者和外部利害關係者未能認清這一點，就會遭遇大麻煩，另一家名符其實的數位廣告商臉書從二〇一六年起不時發生各種問題，就是一例。

爲了維持銷售廣告的競爭力，數位廣告公司時常持有大量敏感的消費者資料，並試圖加以利用。保護這類資料的過程中必定得承擔各種風險。如果違反消費者隱私法，將資料提供給第三方，財務、商譽和法規等方面的風險自然會上升。外界質疑劍橋分析公司（Cambridge Analytica）在英國脫歐公投和二〇一六年美國總統大選期間使用臉書多達五千萬名使用者的敏感資訊，就是很貼切的實例。

數位廣告商一旦無法防止有心人士利用其平台散播假資訊並從混亂中獲取利益（例如俄羅斯利用臉書廣告帶風向），該廣告商的聲譽可能會受到影響。一旦使用者受到操控或歧視，例如臉書在二〇一九年允許房地產公司不當針對潛在客戶的條件投放廣告，遭控違反「公平住房法案」（Fair Housing Act），就導致臉書必須承受名譽、財務和法規等方面的風險，其中部分風險甚至威脅到該公司的營運。[59] 臉書之所以會發生這些問題，追根究柢，都是因爲其未能充分評估及管理整體風險組合，以及無法認清核心商業決策所造成的新弱點。

企業／事件	業務本質（傳統觀點）	業務本質（風險組合）
貝爾斯登公司	流動型產業	儲藏型產業
Alphabet 公司	跨足搜尋引擎、軟體、硬體、自駕車和太空探勘等多領域的集團企業	擁有各種從屬業務的數位廣告公司
通用汽車公司（紓困前）	汽車製造商	製造汽車及經營金融機構的健康保險公司和退休年金撥款單位
伊拉克戰爭（2003～2011）	起因於解放人民和轉移政權等目的，戰後經歷短暫的維和行動，最後撤軍	政權轉移；權力真空引發的宗教派系戰爭；延長的反游擊戰
美聯銀行	零售與商業銀行，以存款成長和客戶服務為重點業務	以短期債務為資本的不動產抵押投資信託基金

房地美公司（Freddie Mac，紓困前）	政府贊助的貸款抵押公司，以協助社會大眾買房為宗旨	資本不足且偏重單一業務的保險公司
明富環球公司（MF Global）	金融商品經紀公司	著眼總體經濟操作的避險基金
美國政府（信貸計畫）	支持重要產業的公共政策；推動創新；刺激經濟成長	投資管理

透過仔細評估風險組合，進而判定如何管理及調整風險，我們可以更有效地擬定策略、評估不同替代方案，以及化解威脅。藉由這些舉措，我們也能學到如何以新的方式檢視及說明本身的業務本質。很多時候，這能協助我們比較對業務的認知、業務的眞實情況，以及對業務的發展目標，從而體認三者之間的落差。只要多看幾個知名組織和戰役的實際案例，就能清楚了解這種作法的成效。

案例1：通用汽車公司

通用汽車公司在二〇〇九年破產之前，曾是美國歷史上數一數二的企業，一般將其歸類於傳統的汽車製造商，不過現在看來，通用汽車的經營模式的確有可能過於傳統。通用汽車公司的產品價高質差，導致幾十年來市占率不斷下滑，從一九六〇年代的五〇%，下降到二〇〇九年只剩下二〇%。

二〇〇八年至二〇〇九年金融危機期間，通用汽車公司歷經汽車製造商在經濟不景氣時普遍容易發生的危機，因此蒙受高達七百億美元的損失，不得不接受美國政府紓困。隨著美國失業情況惡化、貸款求助無門，汽車銷售量隨之銳減。不僅如此，通用汽車公司的金融部門——通用汽車金融服務公司（GMAC，編注：現為Ally金融公司）同樣出現虧損，讓情況更加雪上加霜。眼看通用汽車注定迎向倒閉的命運，加上汽車業和大環境也面臨龐大的經濟風險，迫使歐巴馬政府不得不主動介入。

這段簡介還無法說明該公司風險組合的本質和影響，包括其資產和債務的不對等問題。到了二〇〇九年，通用汽車每一名在職員工的產值，必須負擔十個人的退休金，除了固定成本的壓力沉重，退休金的資金缺口更達上百億之多。除了時薪比美國國內其他外資車廠高二十五％，若再計入員工福利，整體成本又要再增加二〇％。

在妥善經營的正常情況下，企業通常會全力追求獲利成長，同時撥出適當比例的收入，供員工福利使用。但在通用汽車公司，一切只能用本末倒置來形容。過高的健保支出、退休福利以及兩者的相關風險，在在影響著商業決策和策略權衡的方向。通用汽車礙於經濟壓力和缺乏彈性的勞動合約，無法積極排解這些風險。這一切終究削減了公司的競爭力和財務量能。

如果從上述這幾個角度檢視接受紓困前的通用汽車公司，會發現該企業不全然是傳統的汽車製造商，反而更像是健康保險公司和退休年金撥款單位，而他們試圖履行這些義務的方法，恰好是製造汽車和經營高風險的金融機構罷了。[60]

案例2：伊拉克戰爭（二〇〇三年至二〇一一年）

二〇〇三年出兵伊拉克之前，美國政府和軍事領導者已投入大量資源，針對伊拉克的大規模毀滅性武器和兵力收集相關情報。這些戰前準備和規畫，反映了一個主流觀點：美國武裝部隊打算速戰速決，以解放人民和移轉政權為目標，緊接著執行維和行動（時間相對較短），並掌握大規模毀滅性武器的下落，然後將統治權交給新的伊拉克政府，就迅速撤軍。

對此，美國戰略研究所（Strategic Studies Institute）的解釋最為貼切，認為大多數人會採信這個觀點，是因為他們抱持以下期待：伊拉克人民會熱烈歡迎美軍，視美軍為解救百姓的正義使者。伊拉克會迅速轉型成為民主政體和自由經濟市場。國內的警政系統和軍方單位會穩定政局，而出口石油的收入將能資助國內重建，帶動經濟復甦。對於美國出兵，伊拉克周遭的國家也能扮演稱職的角色，至少能保持中立。他們認為，比起剷除薩姆達．海珊（Saddam Hussein）的政權，穩定局勢及重新整頓伊拉克比較容易。[61]

當然，上述立基於「現況」的這套「劇本」其實與現實相去甚遠，部分原因在於情報、分析與規畫並不充足，導致政府未完全理解出兵伊拉克及推翻海珊政權必然產生的所有風險。另外，事前評估工作並未充分考慮伊拉克的社會結構和各教派間的角力，例如遜尼派和什葉派的對峙關係。對於政權和國安體系是否崩潰的重要假設，以及美國輿論傾向任由伊拉克繼續混亂的風險偏好，在當時均未受到質疑，甚或仔細檢視。當然，磨擦始終存在，使得現實情況終究還是與預期中的理想分道揚鑣。

美國出兵伊拉克後，反而捲入因權力真空而浮上檯面的教派內戰，而需扮演居中調停的角色。美軍除了在當地維護選舉秩序，也協助建立政府機制，延長的反游擊戰軍事行動更是緊接著上場，以支持剛上台的新政府。隨著一連串耗時更長也更複雜的反游擊戰任務相繼展開，政策和策略逐漸底定，軍方隨即調整所採行的評估程序，以執行更精準的風險管理，增進風險智慧。

隨著時間過去，審慎評估需監控哪些活動和情況，以及定義成功的標準，成了戰區的首要之務。描繪可能加速成功的趨勢，尋找可能浮現及干擾行動的威脅，變成增進風險智慧的重點所在，而這一切，皆需透過重新確定並清楚指出整個指揮策略的目的來達成。這個過程中，美軍真正認清自己所處的真實狀況，並設法回到正軌，朝正確的方向前進。這樣的日子一直持續到二〇一一年，那段時期，查爾斯正好擔任伊拉克多國聯合部隊的總司令。

案例3：美聯銀行賤價出售

探討貝爾斯登公司的案例時，我們曾提到，外部利害關係者其實無法發現企業所面臨的許多重大風險，尤其是金融服務公司，這類風險往往隱而不現。一般而言，想透過企業依規定公開的制式財務所揭露的資訊，了解公司的風險組合及管理方式，可說是相當困難。

如果公司擁有難以察覺的「或有負債」（contingent liability），或是利用衍生性和結構性金融商品來改變風險方程式，那麼想釐清公司的風險組合，幾乎成了不可能的任務。因此，時常要到發生損失和營運出現問題時，風險才會現形，進而顯現商業模式的眞正本質，尤其是在經濟和金融危機期間，才容易有這樣的機會。

二〇〇八年，美聯銀行的資產總市值超過七千億美元，是美國規模及績效都名列前茅的銀行控股公司。這家企業的有機成長（organic growth）表現屢次高居全國榜首，其提供的客戶體驗是所有零售銀行的最佳榜樣。對於這些指標，執行長肯·湯姆森（Ken Thomson）堅持必須做到最好。他認爲，客戶服務和存款成長率是零售銀行獲取穩定收入的最佳策略。

美聯銀行在二〇〇六年併購金西金融公司（Golden West Financial），看似是實踐此願景的明智之舉。當時，金西金融是美國第二大儲蓄及貸款機構，兩百八十五家分行主要集中在美聯銀行很少設點的中西部和西岸地區，尤其在業績快速成長的加州，金西金融的布局甚廣，這是最吸引美聯銀行的優勢。

然而，美聯銀行在二〇〇八年四月宣布裁撤五百個職缺，並大幅減少配息，此外還開始尋找七十億美元的資金來源。五月，該公司的首季財務報表顯示，公司已損失七億七百萬美元，湯姆森被迫離職負責。到了七月，損失急速增長到百億之多。九月二十六日，銀行客戶總共領走將近五十億美元存款，無聲無息地發生了銀行擠兌。股價大跌二十七％。

爲了搶先防範免不了的股價崩盤，聯邦監管機構緊急介入，急忙牽線各方可能的買家，其中花旗集團排在第一順位，不過最後美聯銀行由富國銀行（Wells Fargo）買下。[62]

美聯銀行之所以走到這一步，是因爲他們並未適當評估及管理自身在美國房市所承受的風險。美聯銀行持有的房地產抵押貸款和證券持續增加，一步步朝財務危機的方向發展。更糟的是，該銀行併購了持有一堆高風險抵押貸款的金西金融公司，房市崩盤所帶來的龐大衝擊已是必然。

從擠兌現象可知，銀行根本無力阻擋客戶提領存款。因此，從風險組合的角度來看，美聯銀行並非擅長吸引客戶上門存款，也不是客戶服務有多優秀，反倒比較像是不動產抵押投資信託基金，靠著高度槓桿操作及短期借貸存活。

還有其他不少企業和投資者在金融危機中損失慘重。從某些案例中，我們依稀可發現企業甚至改變了商業模式，導致風險持續疊加。舉例來說，明富環球（MF Global）曾是默守本業的金融商品經紀公司，只協助客戶交易，但後來的經營型態變得更像是避險基金，而且將過多籌碼投入歐洲政府債券市場，最終拖垮整家企業。

其他案例則顯示，企業的目標、風險和抗損能力之間存在龐大落差，成爲致命的關鍵。例如，接受政府贊助的房地美公司（Freddie Mac）原本是響應政府的公共政策，致力提升房屋自有率，但最後卻因業務過於單一而需要協助，猶如資金短缺的保險公司。

危機期間，金融機構倒閉並非無可避免。他們理應像順利度過難關的某些銀行和投資者一樣，在房市出現裂痕的初期就有所警覺及妥善評估，並果斷確立回應方式，從危機中找到可以利用的機會順勢而爲，走出陰霾。

重要的是，每個案例的失敗原因各不相同。有些確實是因爲缺乏風險智慧，包括未能及時察覺重大風險，等到風險開始以損失的形式浮上檯面，往往爲時已晚；有些是因爲誤判風險方程式；也有案例因爲策略權衡失當，而嚴重高估自身承擔風險的能力。

然而，在某些失敗案例中，由於組織和領導行爲的效率低落，才致使上述這些情形的影響加劇，有時低效率甚至是這一切的元凶。舉凡壓制不同的意見、行事優柔寡斷、憑直覺作事而過度自信，以及實行微觀管理而影響組織的狀態意識和靈活執行力，都是有礙效率的表現。後續幾章會進一步探討這個議題。

美國政府的資產管理人角色

市場一度看好的太陽能電池製造商索林卓（Solyndra）在二〇一一年九月宣布破產，迫使美國聯邦政府不得不接手處理高達五億三千五百萬美元的債務。該公司曾在貸款擔保計畫中取得美國能源部（ＤＯＥ）批准的資金。這是由能源部負責執行的計畫，創立於小布希任內，直到歐巴馬執政時期，能源部進一步依據二〇〇九年「美國復甦與再投資法案」（American Recovery and Reinvestment Act）擴大實施，也就是俗稱的經濟刺激方案。

許多時事評論家抓住索林卓公司破產的事件大作文章，認爲聯邦政府不該投資私人企業，更遑論是高風險的新創公司。之後，聯邦調查局（ＦＢＩ）突襲索林卓總部展開犯罪偵查行動，調查期間，國會公聽會也如火如荼登場，這些行動都是爲了調查當時核准貸款的決策疏失。總統候選人米特·羅姆尼（Mitt Romney）在索林卓總部前公開表示該公司「完全在浪費公共基金」，而問題癥結就在於該企業「誤解美國自由企業制度的基本特質」。[63]

然而，這件事的重點並非美國政府利用納稅人的錢投資索林卓公司，企圖以此策略強化美國在重要科技領域的競爭力。眞正的問題在於，爲了追求公共政策設定的目標，能源部必須搖身變成專業的投資管理機構，但管理能力卻慘不忍睹，索林卓才會產生如此可觀的損失。能源部除了未能察覺重要的策略性風險而將索林卓推入失敗的深淵，[64]也未確實執行對該公司的盡職調查。

二〇一五年的檢察總長報告指出，索林卓公司提供的「聲明、主張和證明均有失精確，且有誤導之嫌」，可惜盡職調查並未發現這些錯誤。此外，盡職調查並未從索林卓取得報告中所謂與貸款風險評估工作「高度相關」的資訊，因爲索林卓刻意刪除了這類資訊。[65]

在這份報告之前，白宮行政管理與預算局（ＯＭＢ）早在二〇一三年發布一份報告，發現聯邦政府總計約三兆五千萬美元的信貸計畫，同樣存在類似的缺失。對此，白宮行政管理與預算局指示政府機關向私人企業借鏡，學習民間企業在信用風險管理方面的理想作法，而我們很榮幸能參與其中。[66]

當時，爲了節省納稅人繳的稅金，並將風險降到最低，信貸計畫需設立健全且權責分明的管理和監督制度、強化相關人員對現代風險管理的知識，並開發強大的支援系統，協助人員根據文件資料有效評估風險，以提升公共政策的實施成效。這一切都是爲了清楚了解聯邦信貸計畫眞正的業務性質，說穿了就是以**主動管理風險組合**爲整體目標。

在國家的至高層次上，美國財政部一馬當先，展開類似的整頓作業。美國政府早在二〇〇八年至二〇〇九年金融危機期間就已編列鉅額預算，具體舉措包括接管房利美（Fannie Mae）和房地美、對金融業和汽車業紓困，並爲企業和投資者挹注流動性。這些努力大多是爲了化解先前未能察覺的風險及償還臨時負債。爲此，財政部開始著手記載及分析聯邦政府名下所有資產和負債所承擔的全部風險組合（這可是美國史上第一次）。

透過這不可免除的第一步，財政部終於認清自身統籌納稅人資產的身分，爲政策奠定完整的認知基礎。[67]至於如此龐大的風險組合該如何彙整，並以清楚而直覺的方式呈現？個別單位（承擔風險者）和財政部（風險歸屬者）之間應維持何種關係才算適當？在正常情況和危機時期，這個風險組合該如何管理及治理？美國政府目前仍在努力追尋這些問題的答案。

評論家認爲，美國政府不該扮演放款方或創投公司的角色，而應堅守公共政策的底線。但其實這兩者的關係密切。在瞬息萬變的大環境中，地緣政治衝突和先進科技的軍備競賽持續不斷，國家不可能不負擔風險，以期能穩固未來的繁榮發展和安全。

國家必須靈巧地運用稅金，在能源、網路安全、基因科學、人工智慧、量子運算、農業創新、武器研製，以及其他許多日新月異的科技領域中有所進展，以捍衛國家利益。爲了達成這個目標，美國政府必須提升其借款和投資的績效，並主動管理資產和風險組合。唯有這樣，國家才能透過投資，在公共政策上創造最理想的報酬，同時守護納稅人的資產。

企業對改變的回應

多年來，我們與各種企業、機構投資者和政府機關合作，共同揭露、評估及管理其風險組合，並協助他們從這個角度衡量業務本質。許多人形容這個過程彷彿**照亮**了眞實情況，揭露原本晦暗不明的現實。這讓我們想起羅伯特．凱根（Robert Kegan）的「轉化學習」（transformational learning）理論，這個理論指出我們建構現實認知的方法，並探討此歷程如何隨著時間改變。

事實上，學習新資訊和技能，與躍向更複雜而多元的**創造意義**（meaning making）新方式，這兩者之間有很大的差異。就我們的經驗而言，將組織和商業模式視爲不斷演變的風險組合，就屬於後者這類的改變。[68]

如今，不同產業和領域的企業需大幅強化商業模式及轉型，以回應科技進步和世界加速分歧的事實，這種方法尤其日益重要。許多策略行動（透過併購及推出新產品和服務來實踐）的確可以、也時常改變風險組合，使企業的自我組織、管理和治理方式，勢必得跟著大幅調整。

有時候，這些行動似乎是從根本上改變了組織的存在目的。幾個值得一提的例子包括：

- 蘋果公司（Apple）希望能在二〇二一年前成長到現階段服務規模的兩倍，同時擴大事業版圖，跨足原創娛樂內容製作和傳播領域。
- 全球最大曳引機和收割機製造商強鹿（John Deere），致力將金融業務的觸角延伸出設備產業，現在更爲有短期信貸需求的農夫提供貸款方案，因此成爲規模數一數二的農業貸款機構。
- 微軟公司（Microsoft）極力跳脫以往仰賴 Windows 系統的商業模式，將重心轉移到 Azure 雲端運算技術和 Office 生產力服務等業務。
- 百事公司（PepsiCo）致力擺脫以銷售含糖飲料和不健康零食爲主的商業模式，跨入營養食品業，例如併購 Bare Snacks 就是具體作爲之一。

- AT&T公司透過併購時代華納公司（Time Warner），致力跨出電信本業，進軍娛樂市場。
- CVS藥局收購健康保險公司安泰人壽（Aetna）並改名爲CVS Health，試圖從連鎖藥局轉型成健康照護服務商。

此外，汽車製造商、谷歌、Uber等知名企業有志一同地快速發展自駕車事業。辦公空間共享公司（例如WeWork）和線上房地產資料庫公司（像是Zillow）都開始購入房地產。商學院也開始設立創投基金。

所有例子中，亞馬遜公司大力發展眾多事業，包括拍電影、開設自有品牌商店（實體零售）、併購全食（Whole Foods）連鎖超市（賣場事業），以及Amazon Key服務（讓客戶能遠距處理快遞需求），大概是最具代表性的案例。

因此，現在企業想說明其業務本質及存在目的，可說愈來愈困難。面對不斷變遷的機會和威脅，上述舉措正是企業大膽而主動的回應方式。目前組織企業所需克服的迷霧、磨擦和不確定性更甚以往，情勢更加令人迷惘，如此嚴峻的挑戰前所未見。

提倡嚴謹地不斷評估組織的業務本質（包括從風險的角度看待），並非要阻撓組織跨足新的事業或是承擔新的風險類型。這種作法時常是敏捷的重要具體象徵。面對如此龐大的創新潮流，如果企業無法擁抱新的可能，在某些情況下甚至無法大膽改變原本的商業模式，勢必迎來最嚴重的風險，也就是走向滅亡的命運。

每當這樣的因應作爲造成損失，通常會有一堆評論家跳出來指正組織不該魯莽行事。但更適當的作法，是要支持企業實際推動轉型，只不過企業還必須同時認眞思考，這些爲了轉型所做的努力會如何影響整體風險組合，並且考量目標和資源以取得平衡。

❖ ❖ ❖

想要管理現有業務並跨足新領域，順利度過紛擾而複雜的局勢，勢必得持續重新評估兩大面向：「環境變化」和「自身的風險組合」。下一章會提供具體的完整程序，並推薦風險雷達等強效工具。透過這些輔助，我們將能進一步探討如何實現風險組合的動態管理。

Chapter 6

敏捷的風險手段

THE RISK LEVERS OF AGILITY

案例：解決北愛衝突

愛爾蘭天主教和新教之間的宗教派系壁壘分明，兩方的衝突可追溯到至少八百年以前。

一一七一年，英國國王亨利二世入侵翡翠島（emerald isle，即愛爾蘭），並在教皇的祝福下，將天主教定於一尊。愛爾蘭人並未欣然接受。

後來，都鐸王朝的亨利八世因爲想離婚而與天主教分道揚鑣，並創立英國國教（新教），將當時受天主教會控制的愛爾蘭土地賞賜給他的支持者。他的女兒伊莉莎白（反對天主教的虔誠新教徒）繼任後，在愛爾蘭推行反天主教政策，並將更多天主教會持有的地產送給新教徒。愛爾蘭人發起多次叛亂，但都遭到血腥鎮壓。即便如此，天主教依然持續茁壯。

一九二一年至一九二二年，以天主教徒爲多數的愛爾蘭共和軍（Irish Republican Army）和倡導國家意識的側翼團體，主導脫離英國及建立愛爾蘭自由邦（Irish Free State，後更名爲愛爾蘭共和國）；新教徒人口則集中分布於愛爾蘭的東北地區。雖然北愛爾蘭以分離實體的形式存在，但境內占大多數的新教愛國主義者選擇留在英國。不過，衝突持續醞釀。

這兩股力量代表著彼此互斥的國家認同和歸屬感，支配著北愛爾蘭的命運。少數的天主教徒希望併入愛爾蘭共和國，但占多數的新教徒則繼續堅持要接受英國治理。

一九六〇年代，文化和政治局勢動盪不安，局勢緊張，共和派與保皇派準軍事組織、人權團體和英國軍隊之間的對峙持續升高，形成「北愛衝突」（The Troubles）。炸彈攻擊和教派謀殺事件使社會陷入恐慌，新聞中充斥著葬禮報導，鬥毆、槍擊、轟炸的恐怖影像令人心驚膽顫。長達三十年期間，暴力事件頻傳，奪走超過三千五百條人命，即使到一九九五年，柯林頓總統任命前參議院多數黨領袖喬治·米契爾擔任北愛爾蘭特使，和平與和諧的日子似乎仍是遙遙無期。

米契爾接到這份新任務後，便率領委員會研究棘手的北愛衝突問題，期能解除準軍事組織的武裝對立。解除武裝於是成了雙方展開談判的先決條件。然而，愛爾蘭共和軍的政治組織新芬黨（Sinn Fein Party），拒絕以放棄武器爲前提上談判桌，而談判一旦缺少新芬黨，想要達成協議簡直難如登天。

米契爾明白自己深陷在極其複雜的衝突情況，進退維谷，日後他形容當時自己

「過於天真而使自己陷入困境」。[69]不過，他還是率領委員會做出重大貢獻，而委員會針對和平談判所發布的實務準則，後來成了世人所熟知的「米契爾原則」（The Mitchell Principles）。之後，他受命主持大大小小的和平談判，最後在一九九八年順利簽署「耶穌受難日協議」（Good Friday Agreement，即貝爾法斯特協議），奠定北愛爾蘭日後長久和平的基礎。

回顧這段歷史時，直覺告訴我們，米契爾能達到這些成果，必定是運用了可觀的風險智慧。我們在與他的對話中證實了這項猜測。

米契爾參議員擁有頑強的毅力、過人的耐力和敏銳的觀察力，因而能憑著風險智慧，勝任委員會主席的重責大任，並主導後來的各場談判。他向我們解釋，那時的當務之急是要詳盡了解衝突的源頭和歷史，不管是在抵達愛爾蘭還是參與每場談判之前，都要先做好扎實的準備。

他既深且廣地研究這個議題，並向大西洋兩岸的頂尖專家討教。他也與重要關係方建立關係，仔細研究他們的性格和動機，而且撥出大量時間傾聽他們的意見。他爲了深入了解各方觀點的差異而投入龐大心力，厄爾斯特聯盟黨（Ulster Unionist

Party）的雷吉・恩皮（Reg Empey）可以證實這一點，他說：「只要知道他（米契爾）花了多少時間聽我們爭吵和辯論，不管是誰都會深感敬佩。」[70]

米契爾參議員體認到衝突多麼難以化解之後，著眼於衝突本身，從情勢發展中尋找可能適合新方法的切入點，試圖採取之前或許尚未成形的解決辦法。他發現有三個環境變化符合這個條件。他指出，一直到談判達成特定的重要進展，這三處切入點才清楚顯現。

第一，他發現一九九〇年代中葉到末期這段期間，社會大眾對衝突的態度出現重要的轉折。從所有面向來看，社會對暴力事件的恐懼和焦慮加劇，尤其炸彈攻擊發生在酒吧、飯店、公園和商家，等於是將人民視爲攻擊目標，致使社會產生一股希望阻止攻擊事件發生的強烈聲浪。

第二，米契爾察覺，對立的各方代表開始出現必須達成協議的迫切感。隨著談判持續進展，他發現所有參與協商的組織成員愈來愈常提起對暴力事件的恐懼。以外交詞彙來說，局面已發展到「互相傷害的僵局」（mutually hurting stalemate），也就是衝突中的各方皆已確定，重回敵意高漲、彼此對峙的情況，對彼此都毫無益處。比起坐上談判桌後隨之而來的複雜工作，所有人對暴力事件捲土重來更感到恐懼。如同外交學者所述，當時的時機已然成熟，適合由第三方居中協調，協助找出解決之道。

他注意到的第三項環境變化，是北愛爾蘭有愈來愈多女性開始參與政治程序。這些女性政治人物大多是因為本身就曾遭受衝突直接影響，因而決心防止悲劇繼續發生。她們為政府注入一股新的力量。

觀察到這些現象後，米契爾全力促成各方同意不再涉入任何暴力活動，將此設為獲准加入談判的先決條件，建議以此取代之前把準軍事組織放棄武力視為談判前提的作法。解除武裝的問題則留待其他談判會議處理。[71]

有必要參加談判的所有利害關係方，一致贊成上述條件，於是停火談判得以展開，各方開始對話協商。歷經三十六個小時馬不停蹄的協商，耶穌受難日協議終於在一九九八年四月十日完成簽署，界定了北愛爾蘭政府的新權力共享結構，並清楚定義北愛爾蘭、愛爾蘭共和國和英國之間的關係。[72]在一九九八年五月舉辦的公投中，超過七〇％北愛爾蘭人民和將近九十五％愛爾蘭共和國人民，都對這項協議投下認同票，證實了米契爾認為社會大眾渴求和平的精闢觀察。

如此豐碩的談判成果並非來自想像或預測，而是環境變化促成了耶穌受難日協議。當局者必須機警察覺，而這需要克勞塞維茲所謂的「敏感且能明辨是非的判斷力」和「能嗅出事實眞相的高超智慧」。

那麼，一般組織該如何培養這項能力，並透過分析工具、程序和文化來加以制度化呢？

增進風險智慧

想要有效偵測變化，需先有敏銳的狀態意識。組織若要一眼識別萌芽的威脅和機會（不管一開始的徵兆多微弱），必須仔細研究科技、地緣政治和社會發展趨勢，對實務環境和未來走向的影響。我們必須對經濟、法規和金融市場的情況保持敏銳，針對不斷改變的風險組合掌握即時的詳細資訊，並了解攸關競爭的各項因素，包括盡可能掌握對手的意圖和風險方程式。

在開始有系統地取得所需的知識和資訊時（這個過程即是**增進風險智慧**），我們勢必會面臨兩種特殊挑戰。諷刺的是，第一項挑戰的根源，正是因爲擁有充足資源的組織可以低成本地輕易取得無窮無盡的資料。如今，競爭優勢取決於組織能否過濾所有資料、篩選相關資訊、評估資料的準確度和完整度，接著加以統整及組織，歸結出有利的深入見解，輔助決策。

即便你手上已有大量資料，第二項挑戰不會因此而比較容易。這項挑戰是長期的：很多時候，那些眞正寶貴的資料無法快速取得。一般而言，取得這類情報是一場零和遊戲。對手對此心知肚明，時常竭盡全力阻撓我們，並設法爲自己創造資訊優勢。他們也會試圖精進風險智慧，也許是企圖阻擋我們取得貼近事實的資訊，或是試著採取欺敵戰術、發布假消息，誤導我們。又或者，他們也可能補強不足之處，進而積極採取攻勢，脅迫我們將資源移轉到防禦活動。

誠如英國戰爭歷史學家富勒少將（J. F. C. Fuller）的名言所述，「眞正的將軍不只要創造知識，還要懂得運用。」從這個角度來看，立定增進風險智慧的任務並以身作則，是高階領導者必須一肩扛起的職責，責無旁貸。[73]

他們有責任依據擬定策略、管理風險和指揮作業所需的資訊，排定情報蒐集的優先順序。例如，高階領導者可能認爲，不了解環境或對手的某些特定實況，會產生無法接受的風險。有了這層考量，領導者可能更願意爲了取得充分完整和可靠的資訊，讓資源承受風險（甚至某些領域需賭上性命）。

雖然我們所謂的「蒐集風險情報」是以作戰的意象來比喻，但要注意的是，要取得任務關鍵資訊，有時就是一場如假包換的戰爭。準備及執行軍事行動時，我們會投入重要資源，設法挖掘敵方的弱點、致勝機會和潛在威脅。全面展開救援行動前，消防員可能需要冒著生命危險，更深入評估緊急事件的特質，了解事故可能對人民、群眾和打火弟兄帶來的威脅。至於其他形式的策略權衡，只要觀察決策者願意承擔的風險大小，就能得知所缺情報的重要和迫切程度。

爲了確保這個過程夠嚴謹，領導者必須持續更新對資訊的評估（美軍稱爲「情報需求優先性」），並且廣泛傳遞資訊及清楚解釋。他們必須充分授權並提供資源和指示，確保組織上下都有權限可增進風險智慧。

另外，領導者必須清楚下達命令，即使是不在預設範圍內的資訊也不能輕易放過，因爲看似無害的信號，可能是近期環境變動的徵兆，而且時常只有固守前線壕溝內的士兵能夠看見。因此，隨時保持警戒，積極增進風險智慧，成了所有人的共同責任，而這正是卓越表現以及致勝思維和文化的必要條件。

美軍最高層級的聯合指揮架構就是上述理念的典範。五名四星地區作戰指揮官各自運用手上的資源，增進對所負責戰區的風險智慧。他們詳細研究敵方和競爭對手，以捍衛國家安全利益、制定計畫、建立人才和關係網路，並與盟軍密切合作。這些所有準備都有助於創造環境優勢，賦予美軍敏捷作戰所需的充分認知和能力。查爾斯身兼北美空防司令部（NORAD）暨美國北方司令部指揮官時，便曾擔任地區作戰指揮官，肩負保護國土和北美洲的重責大任。

增進風險智慧的工作日益複雜。科技不斷進步（包括以肉眼或電子形式來執行的網路間諜活動和偵察系統），使我們的對手可以更輕易地蒐集情資，同時偵測及擾亂我們的情報蒐集工作。[74]社群媒體使詐欺行為縝密難防，讓資訊成為一種武器。不僅如此，「後眞相」的社會風氣蔚為氣候，[75]證據的效力比不上情感和信念的渲染，這個現象正一步步侵蝕組織內部基於理性的事實調查和良性辯論。這些挑戰全都不容忽視，必須設法克服。

風險雷達上會顯示什麼？

如果正確實行，情報蒐集可以得到豐富的實用資訊。只要曾翻閱高階主管和董事會動輒幾百頁、貼滿便利貼的報表、表格和圖表，就會知道統整所有資料並融會貫通是相當困難的挑戰。這個過程正好體現了心理學家和行爲經濟學家早已發現的一個事實：面對眼前毫無條理的大量資訊，想要就此做出影響深遠的決策，對人類來說是天大的難題。不過更糟糕的是，如果部分資料稍微改變，或呈現的方式稍有不同，我們就有可能得出天差地遠的結論。

把組織視爲動態風險組合後，我們體認到，若能有一個系統可以用來識別、監控及主動管理風險組合，那麼在整合及直觀呈現相關資訊，以及構築共同的語彙和認知基礎等方面，將能得心應手。

本節旨在介紹組織**風險雷達**的概念，並示範這種系統（相當於美軍的**評估委員會**）的實際應用方式。雖然我們發現風險雷達能爲不同類型的組織帶來效益，但從高度量化到極致質化的使用方式，都是實際應用的範圍。最重要的是，我們可以藉此了解如何識別相關風險組合和不確定因素，建立起偵測環境變化和評估其後續影響的程序，並養成嚴格治理、整備及規畫的習慣。

我們在幾年前爲某家知名金融機構建構了風險雷達，那次經驗算是量化應用的代表。見P.160的圖1顯示，從企業管理的制高點往下看，可以發現該企業暴露於財

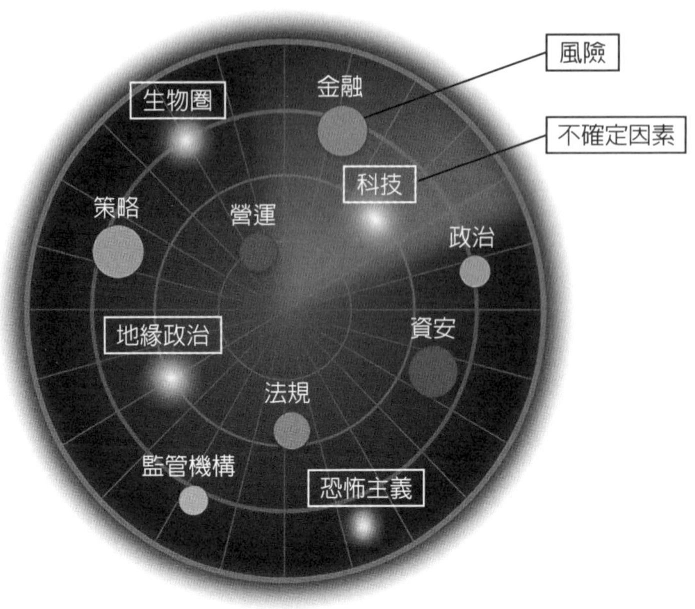

圖1　組織風險雷達

務、營運、策略、資安和其他幾大風險之中。另外，該企業的營運、競爭力和資產負債表，均受到多種不確定因素所影響，包括科技進步（此案例中是指人工智慧和機器人）、地緣政治和總體經濟環境（此案例中是指全球貿易）。至於雷達上顯示的不同風險類型，圓圈大小表示風險對企業財務的潛在影響，[76]深淺色表示風險是否在企業的風險忍受範圍內，[77]而位置則代表企業管理這些威脅的整備程度，愈靠近中心者，表示企業的準備愈周全。

雖然看似簡單，但風險雷達

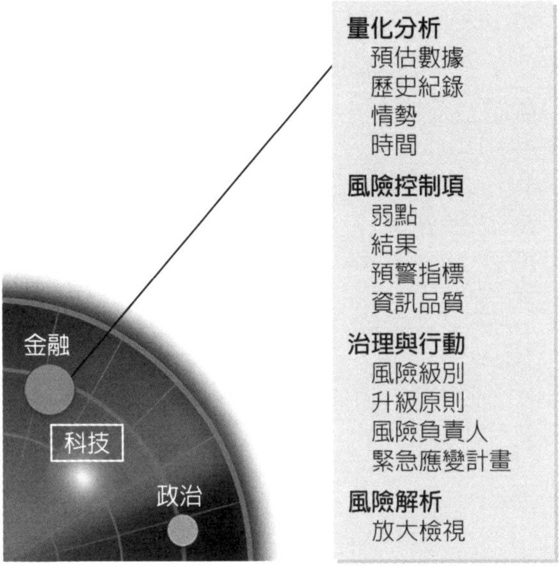

圖2 評估、監控及管理風險

需集結大量資料、量化分析和質性評估。這裡舉例說明的雷達版本，具體展現了風險管理和策略的最佳實務，並點出三個重要成果。首先，雷達詳細描繪出「風險」和「不確定因素」的關係，建立起評估、監控和管理不同風險類型的程序。再者，雷達的設計確切反映出，各種預計要處理的決策類型，都將根據雷達上的資訊來完成。最後，雷達能協助整合監控和風險評估等工作，再配合治理、規畫和確切的風險職責劃分，即可引導組織培養即刻行動的習慣。

如同第四章所述，即使面對已深入了解的風險，我們仍需在不確定因素的干擾下決策，這個過程終究還是錯綜複雜。P.161的圖2以金融風險爲例，清楚顯示風險雷達能提供哪些豐富資料，將我們的判斷和營運程序直接串連起來。

從圖2可知，風險分析必須反映出，組織的風險組合在不同環境中勢必會帶來全然不同的威脅和機會，這樣的分析才稱得上面面俱到。承平時期，某些弱點造成的風險或許還在可允許的範圍之內，但當發生危機，大環境開始劇烈變化，並伴隨金融市場波動不安，這些弱點說不定就會威脅到公司的存亡。[78]不過，我們所處的情勢和風險組合通常會同步變化。只要妥善利用風險的預警指標，就能有效解構內部和外部的不同要素，並加以分析及結合。[79]

稍早曾提過，雷達上的風險會顯示爲不同顏色，表示組織承受各風險的程度，這正是跨越監控和評估程序，朝組織治理和實際行動的第一步。如果雷達上的風險顯示爲綠色，代表風險仍在可忍受的範圍內。要是環境出現變化，或組織內部情況有所改變，風險會從綠色轉變成黃色，算是第一級風險警示。如果相繼達到後續兩級，隨著風險警示的級別愈來愈高，風險會分別呈現橘色和紅色。

透過系統設定，風險每往上攀升一個級別，雷達系統就會發送正式通知、指示更

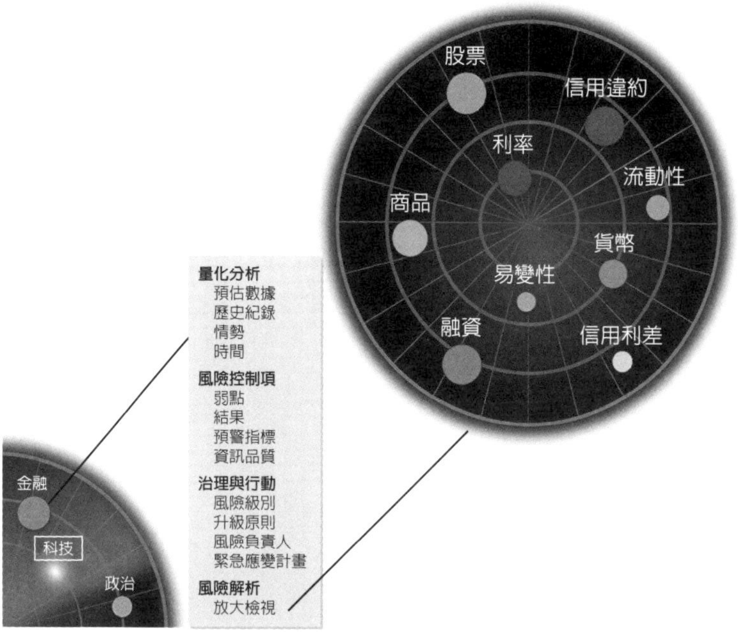

圖3　放大檢視：金融風險

進一步分析，或要求召開正式會議並製成決策紀錄。[80]某些公司的風險只要達到紅色警戒，系統就會自動強制採取風險緩解行動。如果將風險級別結合正式的升級原則，再配以明確的風險負責人和大範圍的緊急應變計畫，組織便能發展出審慎行動的習慣，有助於即時化解威脅，把握機會。

當然，想在實務工作中主動管理風險，往往需要在整體風險和詳細資訊之間來回切換，類似進階軍事雷達的「放大／縮小檢視」功能。如P.163的圖3所示，金融風險可細分成市場、信用和融資風險。接著，市場風險可再進一步分成證券、利率、流動性、貨幣和商品等風險，而信用風險可分成違約和信用利差風險。[81]舉例來說，如果組織的整體金融風險從綠色跳成橘色，高階管理團隊可快速鎖定級別上升最快的風險，以決定因應措施的先後順序。各個組織層級都可如法炮製，以便逐漸深入底層清查、評估、監控及管理風險和機會，並由負責人和擁有權責的決策者予以處置。

透視不確定性

風險雷達是一種預警與管理系統，可協助組織偵測、評估及回應情勢變化。這可能涵蓋環境變遷（例如，景氣循環或破壞現狀的競爭者），以及組織自身的活動（像是併購、發表新產品、資產與債務重組、商業模式轉型）。透過雷達，我們可以掌握及有效監控這些內外部因素，了解彼此錯綜複雜的互動所帶來的最終結果。若能利用雷達妥善區隔風險和不確定因素，針對伴隨而來的威脅和機會，制定個別的監控和管理程序，更能發揮強大功效。想達成這個目標，必須先體認不確定性無法量化的道

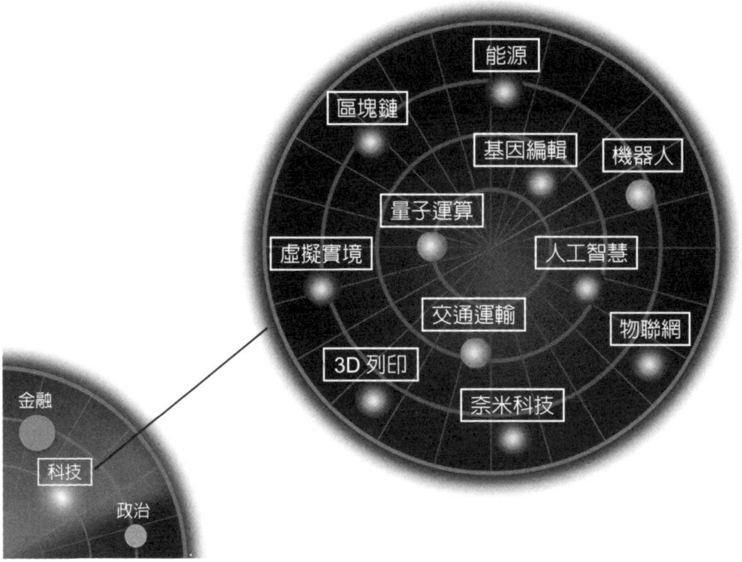

圖4　科技的不確定性

理，因爲在各種情況下，可能的結果和發生機率都沒辦法預知。

大部分組織都會面臨好幾種主要的不確定因素類型，包括科技、地緣政治、生物圈和恐怖主義。[82]與風險一樣，每一種不確定因素都能細分成有意義的子要素，例如科技就涵蓋交通、能源、機器人、人工智慧、基因編輯等領域。要了解這些快速發展的領域，必須得擁有大量專業知識。在領域專家的協助下，組織可持續監控各領域的相關發展，藉以增進風險智慧。如此長期執行下來，組織便能預先設想未來

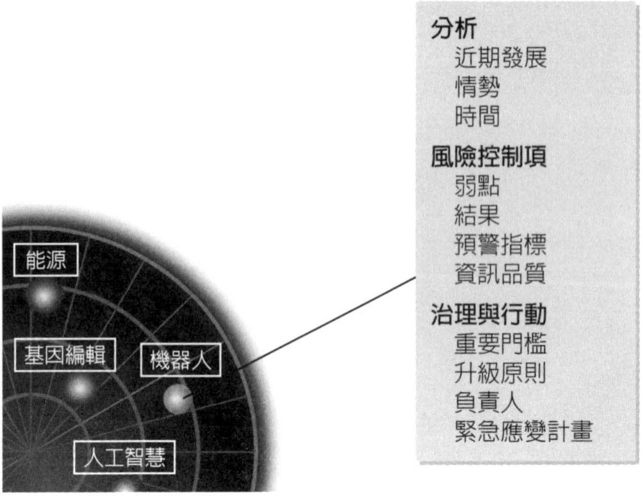

圖5　透視不確定性

的多種樣貌，衡量伴隨而來的弱點、結果、重要的利害關係者，進而掌握可以採取哪些因應行動。[83]

如同第四章所強調，未來終究會與我們預設的情景不同，而我們最終採取的行動也會與既定的緊急應變計畫有所出入。不過，事前規畫能提升我們對環境的了解，使我們更能認清環境變化，有助於促進敏捷特質。當科技進步到突破了與組織相關的重要門檻（類似風險級別的概念），升級原則就會觸發初步介入機制，促使組織更進一步增進風險智慧或啓動策略計畫。稍後，我們會提供幾個公開案例，協助詳細解釋這個過程。

地緣政治中，「太空是新戰場」的概念儼然成為不確定性的新領域，美國軍方長期以來已積極研究及監控。導彈預警系統或全球定位系統（GPS）和商業通訊衛星遭受攻擊，無疑是國家利益和安全的重大威脅。核武在近地軌道（low earth orbit）或高層大氣中引爆（即所謂電磁脈衝核彈攻擊），可能會大規模癱瘓電網、衛星、航空交通、重要的基礎設施，以及軍事和民間的通訊系統。

隨著相關因素累積到臨界量，包括敵國在超音速飛機和彈道飛彈技術等方面達到一定的進展，於是美國在二〇一八年出現籌組新軍種（亦即美國太空軍）的呼聲，以專門發展新世代的太空作戰能力。[84]

至於生物圈的發展，從二〇一四年美國爆發伊波拉病毒疫情一事可知，未對傳染病做好預先防備，無疑是重大弱點。幾名美國旅客回國後檢測出病毒，加上好幾位美國專業醫療人員也遭到感染，這種情況下，美國勢必得迅速制定相關的因應措施，並廣泛實施。這些舉措包括指定全國召集人、組織快速應變團隊，並在機場對入境旅客檢疫掃描，必要時強制隔離。簡言之，當時相關利害關係者（例如疾病管制中心）的風險雷達並未偵測到伊波拉病毒，因此未能以符合敏捷特質的方式予以應對。要是當初能有所警覺，在美國爆發案例前好幾個月，當疾病剛開始在西非地區大規模流行時，美國就應及早推行保護及預防措施，嚴陣以待。

以科技變遷爲例。量子電腦主要利用量子物理原理來處理資料，速度遠遠快過目前的電腦。一旦量子電腦能破解政府、企業、軍武和金融市場所使用的加密技術，甚至入侵結帳和紀錄留存系統，將有可能威脅經濟、金融和國家安全體系的穩定。如果政府官員、監管單位和組織的風險雷達上，能及早顯示這個快速發展的科技領域，他們就能隨著量子電腦的效能不斷提升，持續評估其帶來的威脅和機會。一旦量子電腦的發展超越特定的重要技術門檻，現行的加密協定就有必要改變。

同樣是科技領域，基因編輯對醫學、保健和農業的影響可能相當深遠。目前業界已懂得利用新方法突破現狀，修正人類胚胎中造成疾病的基因突變問題，並研發能抵抗傳染病的動物和植物。未來的應用方式或許能造就天翻地覆的改變：利用基因療法治療癌症等疾病、在動物體內或實驗室中培養人類器官，或是改造或消滅特定昆蟲品種，根除傳染病。[85]只要善用這些益處，基因編輯可能有助於拉高整體人口壽命。一旦基因編輯的技術達到特定的重要門檻，公私部門的各個組織都需要馬上應變，以回應這項環境變遷。

全面整合

想要開發及有效使用風險雷達，必須先擁有特定的技術和訓練有素的人力，而要對弱點和結果擁有清楚的概念，則需透徹了解所處環境以及組織的策略和商業模式。若要量化各種情況和時期的風險，必定得搭配資料分析、財務建模和風險管理等方面的專業。

擁有經濟、財務市場和商業策略等領域的深厚知識，以及豐富的實務經驗，才能設計出兼具功效和意義的前瞻預警指標；擁有地緣政治、經濟、科技、生物圈和恐怖主義等領域的專業知識，才有能力廣泛監控各種不確定因素。[86]總的來說，商務和資料分析、財務建模、風險管理等方面的專業人員，以及營運主管和高階領導者之間必須協同合作、互相學習，才有可能成功。

除此之外，成功也端賴組織能夠整合多項能力、技術、語彙和部門，而這必定得投入龐大心力才能達成。根據我們的經驗，這能透過兩種主要方法來實現。

第一種方式是召集各種學有專精的專家，透過交換意見和評估資訊來擬定解決方案，美國國家反恐中心（NCTC）對國安議題所採用的方法，就屬於這種類型。

另一種方式，是指派專責人員負責統整不同領域的資訊。這些專員必須接受特別培訓、經實務經驗洗禮，並能了解不同技術領域的專有術語。以色列軍隊的塔爾皮約（Talpiot）菁英計畫，就是在創新領域中實際採行此方法的代表案例。該計畫的士兵通常需取得物理學、航空學或電腦科學等學科的高等學歷，同時還要參加各主要軍種的實地培訓。透過這樣的扎實訓練，士兵得以跨越學識和組織上的隔閡，對看似棘手難解的問題提出富有創造力的解決之道。

判讀雷達是極度重要的練習，軍隊和企業領導者都能爲這一點作證。一般而言，長時間相對平靜的局勢時常在威脅出現後突然產生劇變，一時之間波濤洶湧，兵荒馬亂。於是，如何讓團隊成員（組織上下乃至基層前線）保持警戒，並在接獲指示後立即採取行動，就是領導者面對的棘手難題。

持續教育、培訓和演習，無疑相當重要。不過，組織文化和領導風氣也同等重要，這能確立強烈的共同目標，因爲當所有人都將增進風險智慧視爲己任，整個組織即使在承平時期也能團結一致。

敏捷的風險手段

我跟里歐認識之前，他曾和某位著名的北大西洋公約組織（NATO）指揮官談話，內容相當有趣。那位指揮官指出，在制定軍事策略之後，到了執行階段，他們會展開策略溝通行動，向各方利害關係者解釋策略背後的理由，凝聚共識。他強調，在這個資訊快速流通的社群媒體世代，採取的方法必定要大幅調整。採取各種軍事行動前，需先評估全球社會可能產生的觀感，而從一開始，就必須融入策略權衡的概念。有時候，整個策略會因此而徹底改變。

這個例子可以呼應企業策略和風險管理之間的傳統關係，而其珍貴之處在於，我們能從中了解應如何改善，才能促進敏捷特質。追求預定目標時，企業會評估手邊可取用的資源，規畫出一系列計畫和交易。如果遵循最佳實務，企業會從前瞻思考的角度分析這些行動，同時衡量行動本身的風險，以及行動可能對組織整體風險組合帶來的影響。如果企業認爲風險尙可接受，就能開始執行計畫。反之，企業會權衡策略來減少風險、提高承受風險的能力，或直接調整目標。

這種經實證的作法可維持組織安全，但並非我們所謂的主動管理風險組合。事實上，「目標→活動→風險」這樣的程序會限制我們的掌控能力，因為這代表風險組合依然是商務、財務和營運決策的副作用，唯有不得不減少過量的風險時，我們才會重新平衡風險組合。這樣的話，我們就無法回答幾個基礎問題：

- 「追求目標時，我們是否承受了適當的風險**總量**，不會過量，也不會不足？」
- 「是否承受正確的**風險類型**？」
- 「在當前的環境下，我們承擔的風險組合是否為達成目標的『最佳』方式？」[87]

不妨考慮採行以下輔助作法。這個方法最早源於金融界，後來才成功應用到其他領域：

1. 以策略權衡技巧確定組織的整體**風險偏好**（risk appetite），也就是在財務和組織能力範圍內，我們願意在追求目標時所承擔的風險總量。
2. 透過**風險預算**（risk budgeting）程序，確切建構所樂見的風險組合。考量「業務本質」，以及對競爭態勢、經濟和金融市場的觀點，決定不同風險類型所對應的風險偏好。

3. 規畫一系列計畫和交易，在確定風險偏好和樂於承受風險組合的情況下，協助我們取得最佳的戰略定位，以達成預定目標。

如果遵照這個方法操作，一旦環境出現轉折或所處的情況發生變化（我們的雷達會偵測到這些轉變），我們就會被迫重新評估風險偏好、風險組合和商業活動。

透過描述某些公司和投資者如何度過景氣循環，最能闡明這個程序。當他們認爲景氣開始回溫，商業和市場情況開始改善，他們可能會提高公司的風險偏好門檻，並調整營運、資產負債比和資產組合，以受惠於雙雙走揚的利率和股價，以及趨緩的市場波動和企業違約現象。他們給予這些系統性風險類型的風險配額，必須取決於諸多考量，包括各種商業和財務機會在風險/報酬等方面的相對吸引力。相反地，要是企業和投資者預期景氣會衰退，就可能調降風險偏好的門檻，重新平衡風險組合，以因應利率和股價走跌、市場波動和企業違約漸增的趨勢。

「風險偏好」是領導團隊可以善加運用的強效手段之一。此手段必須隨時調整到適當的狀態，以反映總體目標，以及承擔風險潛在負面結果的能力。然而，實務上，企業時常僅將此視爲領導階層傳達整體目標及經營內部文化的工具，類似組織的使命和願景。套句常見的企業界說法，風險偏好有助於「定調」，確立組織面對風險、安全和健全度等議題的整體態度。

很多時候，組織將「風險偏好」定義爲各種不相干風險的總成，從市占率流失、營收不足，到資產負債組成、信用評比和商譽風險，無所不包。若是結構複雜的大型組織，其中可能牽涉上百種項目。

雖然這樣看似面面俱到，符合監管單位和治理專家的要求，但從策略決策及促進敏捷等角度來看，反而淪爲不切實際，成效不彰。根據我們的經驗，如果企業是這樣定義風險偏好，通常無法嚴格權衡策略、主動管理風險組合，也無法說服眾人相信，其設定的風險偏好與預定目標相互契合。

定義「風險偏好」的方式，務必要回應實務需求，亦即要根據組織的商業模式、營運理念，以及對風險組合的管理期望量身打造，才能展現敏捷特質。舉例來說，如果領導團隊認爲動態調整及設定風險偏好，對其「業務本質」相當重要，那麼，風險偏好框架與相關的分析和資訊科技基礎設施，就務必據此善加設計。就我們與頂尖企業和投資者合作的經驗來看，有效結合量化和質性工具即可做到這一點。[88]

體認到組織能明確建構起風險組合並主動重新平衡之後，我們就能熟悉各種強而有效的手段，加以善用，包括整體風險偏好、風險組合，以及個別風險的基礎風險方程式（可個別修正）。這能促進靈活執行力，亦即能全面運用所有風險、商業和組織手段，並隨著環境變動而個別或合併使用，靈活利用。第十章會更完整地探討這一點。

相形之下，要是採取傳統的因應方法，將風險組合視爲其他決策的副作用，我們在決策和財務等方面的彈性勢必會因而減弱，進而影響我們發揮敏捷特質，終至未能達成目標、化解威脅、把握機會。

敏捷程序的兩種模式

面對環境變化時，我們對偵測、評估及回應的需求，可分成兩種截然不同的類型。第一種類型的事件可給予組織充裕的時間，使其能隨著情況逐漸發展，同步執行完整的敏捷程序。

舉個例子，一九九〇年代，有些資產經理人開始擔憂網路公司的估值過高和證券市場的整體行情。他們一致認爲，當時的股價無法長久維持，如同羅伯特．席勒（Robert Shiller）在《非理性繁榮》（*Irrational Exuberance*）一書中所言。這些投資者察覺危機正在醞釀，即使嘗試預測市場是否會修正（以及何時發生）通常也是徒勞無功，對此，他們讓整個組織進入警戒狀態，並投入龐大心力，針對多種情境衡量可能的攻擊和防禦行動。

當網路泡沫在二〇〇〇年三月開始破裂，他們隨即採取因應行動，啓動針對市場拋售潮所研擬的一系列初步策略。二〇〇〇年三月到二〇〇二年十月期間，納斯達克（Nasdaq）指數的跌幅超過七十五％，但他們依然反覆密切監控、持續重新評估，並從多方面採取因應行動，績效遠勝較不敏捷的競爭對手。

同樣地，最後能安然度過工業革命的組織，無不持續監控相關風險和不確定因素（同時也挖掘新的風險和不確定因素）、對不同情境評估背後的意義和可能的應對作爲，並做好萬全準備，一旦時機成熟就果斷地採取行動。

第二種類型是各事件幾乎同時發生，組織沒有充足的反應時間，對事件也沒有充分的掌控能力。舉凡特定類型的恐怖攻擊和軍事襲擊、天災、政變、金融海嘯和企業破產，都屬於此類，歷史上著名的相關實例包括「黑色星期一」股災（一九八七）、俄羅斯的主權債務違約（一九九八）、墨西哥灣漏油意外（二〇一〇），以及日本福島核災。

遭遇這類混亂局勢時，勢必要善用風險智慧並發揮韌性，才能全身而退。組織必須識別及評估可能的致命弱點，接著擬定及執行一套防護和預防措施，才有可能擺脫逆境。換句話說，他們除了必須完成「偵測、評估、回應」的敏捷程序，還有一點也很重要：偵測和評估風險後，與其等待事件發生並即時回應，他們必須**搶先**化解風險（亦即改變風險方程式）。如同第三章所述，韌性之所以是攸關任務本身的重要因素，更是展現敏捷力所獲得的成果，確切的原因就在此。

以國家美式足球聯盟的腦震盪意外爲例。由於腦震盪屬於突然發生的意外，球員當下完全沒有緩解風險的機會，因此勢必得仰賴事先修正風險方程式，將風險減到最低。國家美式足球聯盟體認到這類系統性風險必須主動管理的道理後，隨即實施了幾項風險管理策略，包括改良頭盔設計（以防護設計減少球員暴露在外的弱點）、調整頭盔撞擊等比賽規則（減少腦震盪發生的機率），以及編列更多預算投入醫療和神經科學研究等領域，期能找到更有效的診療方法（紓緩結果）。

再舉一個例子。美國聯邦緊急事務管理署長久以來多次處理淹水意外，因而判定這項風險已超出其風險偏好。有鑑於許多洪水災損無法在災難發生期間加以紓緩，於是美國聯邦緊急事務管理署在二〇一八年決定推動「國家洪水保險計畫」（National Flood Insurance Program），向私人投資者銷售巨災債券，藉此在災難發生前預先調整風險方程式。[89]

主動率先調整風險方程式（並同步提升回應威脅和機會的能力），是敏捷力特別強效的因應之道。查爾斯擔任北美空防司令部與美國北方司令部指揮官時，曾參與旨在嚴防商用客機作爲武器使用的多項計畫，這是九一一恐怖攻擊後的重要工作。美國運輸安全管理局（TSA）指出，有些計畫建構了維安系統，「在飛機起飛前預先調查旅客資訊」，[90]藉此鞏固機場安全，因而得以提前修改國家的風險方程式。另外，其他計畫則有效提升了國家偵測、評估及即時化解威脅的能力。這兩套措施均已廣泛推行，以免未來再度遭受攻擊。

❖ ❖ ❖

我們兩人皆觀察到，即便擁有狀態意識和風險智慧，領導者和團隊面對環境變化、威脅或機會時，還是可能進退維谷而不知所措。爲了解決此現象，接下來三章將會從組織、文化和領導等面向探討敏捷力。過程中，我們會介紹及解構決斷力（組織愼重行動的傾向），並說明組織如何在實務中不斷發展這項核心職能。接下來，我們要先援引軍事理論和經驗，闡釋有利於促進敏捷力的指揮與管制理念。

Chapter 7

指揮、管制與必要賦權

Command, Control and Radical Empowerment

歷史上，幾個有關組織敏捷力的重要案例，可追溯到拿破崙統治法國期間所爆發的戰役（一八〇三年至一八一五年）。拿破崙統領的軍隊受到法國大革命解放經歷的洗禮，發展出極度有效的指揮與管制制度，使其能制霸戰場，名留青史，成爲托爾斯泰在《戰爭與和平》中深刻描述的衝突迷霧和磨擦。例如，一八〇六年，普魯士軍隊在耶拿（Jena）和奧爾斯塔特（Auerstedt）的兩場戰役中慘敗，歷史學家史蒂芬・邦傑（Stephen Bungay）這樣描述：

> 拿破崙可以和麾下的元帥迅速溝通，是因爲他們對基本的作戰準則抱有共識，而且他能充分解釋心中的意圖，並說明他希望部屬怎麼執行。他期望部屬可以自發行動，不必等他下令就能遂行他的意志。他們的確辦到了。他們在戰場上展現迅捷的作戰節奏，讓原本抱持懷疑心態的普魯士軍隊不知所措。[91]

相較於普魯士（以及當時大部分軍隊）採取傳統的指揮與管制系統，由中央統一發號司令，並著重於遵從嚴謹的程序，法蘭西帝國奉行截然不同的作戰哲學。他們主要仰賴指揮鏈上的軍官獨立決策，而各軍官對拿破崙的願景和思路的理解，就是他們決策的根基。猶如軍事史專家崔佛．杜普伊（Trevor Dupuy）在《武器與戰爭的演化》（*The Evolution of Weapons and Warfare*，中文名暫譯）一書中寫道，拿破崙軍隊的作戰行動展現了「面面俱到且鬥志高昂的反應能力，即使沒有人發號司令，而且與指揮中心距離遙遠」，[92]也能充分實踐領導者的意志。這種授予權力和責任的指揮機制，可以允許部屬根據所在位置瞬息萬變的情勢自主行動，需要以深厚的信任爲基礎，而且上級需寬容對待難免發生的無心之過。

在此之後的幾十年間，傑出的普魯士將軍和戰爭理論學家煞費苦心，試圖發展新的指揮與管制系統。由於科技不斷進步，加上軍事行動日漸複雜、地理位置日趨分散，對新指揮制度的需求更加迫切。即便中心集權的即時指揮系統仍能正常運作，但上述環境變化無疑也爲舊系統帶來嚴苛的考驗。爲了透過去中心化的賦權執行模式，以最理想的方式即時發覺機會並管理風險，**方向式指揮**（directive command）或現代所謂的**依任務領導**（leading by mission）概念於焉誕生。[93]

清楚表達意向、解釋背後的思維，並提供適當引導，以協助部屬達成目標，成了指揮官不得不盡的職責。克勞塞維茲對此不遺餘力，所提出的戰爭理論全面解釋了衝突的基本特質、產生風險的動態成因，並在此認知基礎上，說明了要在戰場上發揮敏捷力勢必得仰賴方向式指揮系統。他的理論扎實縝密，即使過了兩百年，美國軍隊依然以《戰爭論》爲教材。在發展及持續精進任務式指揮（Mission Command）的過程中，該著作始終是不可或缺的珍貴資源。

任務式指揮是兼容並蓄的領導風格，不僅兼顧指揮與管制的理念，更揉合作戰準則的精神，將集權式、由上而下的願景和規畫方式，與去中心化的執行實務相互結合。套句前參謀長聯席會議主席馬丁・鄧普西（Martin Dempsey）上將的說法，此風格的主要目標是要「持續精進認知，以確實理解及適應現況，以及有效引導眾人達成（預定目標）」。[94]因此，大量的獨立行動和現場的臨機應變才能「彷彿經過統一協調」，有效地獲致結果。美國軍方指出，想要在作戰中成功實現任務式指揮，「所有階級的次要領導者必須有紀律地自動自發，積極獨立行動，以求順利完成任務」。[95]正是在這個基本前提下，實施分散式領導的組織才能建立起**即刻行動**的風氣，擁有鄧普西所謂的「競爭調適力和節奏優勢」，進而發展出他明確稱爲「敏捷」的特質。

任務式指揮奠基於三大基石：認知共識、共同意向、相互信賴。以本書的說法來解釋的話，認知共識涵蓋對環境的認識、策略願景、行動指導，以及在風險智慧的基礎上建構而成的決策框架。隨著情況快速演變，各層級的領導者需在增進風險智慧和調整策略時，同步敏銳地觀察並齊力促成認知共識。他們必須在**指揮官意圖**（Commander's Intent）的相關敘述中，清楚扼要地表達行動的宗旨、確切目標、優先順序和重要任務。

愈到指揮鏈下游，指揮官意圖的敘述內容會更精細，這樣有助於對整個組織反覆解釋哪些目標必須達成，以及背後的原因。在軍隊中，領導者通常會盡量將連帶的行動指導（達成任務的方式）減到最少。指揮官傳達意圖時，「作法」通常會轉化成「主要任務」或「方法」，一般會說明對行動加諸的約束、管制和限制。領導者會謹慎挑選這些限制，以免對自主行動和臨場應變過度設限，而且必定會用心縮減限制項目，只集中說明務必執行及嚴格禁止的事項。

指揮官明白，指示任務的確切程度與風險之間存在一定的關聯。指揮哲學通常有個清楚的傾向，就是指示愈明確，涉及的風險愈多。不過，商業和其他領域通常需要較精細的行動指導。下一章中，我們會探討如何制定行動指導的內容，並在不同階層上明確傳達，而這需取決於組織業務和實務環境的本質。

指揮官立定或接受任務後，即表示其擁有採取行動和領導衆人追求預定目標的權力和責任。[96]指揮官意圖的功能在於確定策略方向、協助具體描述行動的推進歷程，並授權部屬有紀律地自主行動。高階領導者要清楚傳達其希望任務最終能達到什麼狀態，這項能力特別重要。迷霧散去、戰鼓平息之後，即使情勢已然不同、部分任務確定無法達成，甚至原本擬定的計畫分崩離析，但只要部屬能掌握成功的樣貌，他們就能臨機應變，往終極目標從容邁進。

歷史上，最撼動人心的指揮官意圖非前總統約翰・甘迺迪（John F. Kennedy）的演說莫屬。一九六一年五月二十五日，他在國會演講中表示：「這十年內，我國應該全力以赴達成一個目標，那就是讓人類成功登陸月球，並且平安返回地球。」他除了提出大膽的願景，也解釋了背後至高無上的目的：在太空探索的領域中拔得頭籌，藉以在「自由和專制的角力中」獲得人民的青睞。甘迺迪提起蘇聯在一九五七年發射史普尼克（Sputnik）衛星，他表示：「這（登陸月球）會是這個時代最引人矚目的太空探索計畫。」清楚指出美國展現先進科技和太空實力的目標。這項登月任務也是抗衡蘇聯的手段之一，雖然部分社會大眾或許並未察覺，但在政壇和軍事圈，此行動象徵的意義昭然若揭。

不過，甘迺迪也清楚說明，這項任務不只是回應蘇聯太空科技的進展這麼簡單，「這不僅僅是一場競賽。太空等著我們去探索；我們探尋未知的渴望不受他國的努力所囿限。我們要上太空，因爲任何人類必須做的事情，所有自由的人都必須共同承擔」，激勵人心。

甘迺迪除了要求國會通過財務預算之外，更在這場演說中詳細列舉各項重要任務，與其他總統衆多國會演講的內容形成強烈對比。這場演講所提供的細節明確具體，値得在此處全文引用：

首先，我們建議加速建造適當的登月太空梭。我們建議發展替代的液態和固態燃料推進器，研發規模要比現行計畫更大，直到研發出更優異的機組。我們建議國會編列更多預算，資助其他引擎研發工作和無人探勘任務，這類探勘計畫尤其重要，我國必定不能輕忽，因爲確保首度出任務的太空人平安返航是我們的責任。事實上，這趟任務不是只有一個人登陸月球，如果我們堅持此次判斷，爲了這個目標全力以赴，到時會是整個國家的大事。所有人都必須恪盡職責，才能將太空人送上月球。

第二，若能追加編列兩千三百萬美元，加上原有的七百萬美元，就能加速推動羅孚（Rover）核動力火箭的研發計畫。如此一來，或許某天我們可以成就更振奮人心的太空探索計畫，實現更遠大的目標，到時或許不只能登上月球，更能深入太陽系最外圍的宇宙。

第三，若能再增加五千萬美元，就能充分利用我國目前的全球領導地位，加速部署全球通訊衛星。

第四，若能再投入七千五百萬美元，將其中五千三百萬美元撥給氣象局使用，就能盡早擁有全球氣象觀測衛星系統。[97]

以這種具體程度清楚指出策略和行動方向，是敏捷的必要條件。缺少這項前提的話，儘管組織擁有競爭優勢、持有獨特技能，或是員工士氣高昂，眾人的努力將無法有效匯聚，去中心化的應有成效也將無法兌現。[98]

上腦與下腦

近年來，神經科學研究已經掌握相關知識，了解偵測、評估及回應變化的認知過程如何持續進行。科學家發現，雖然人腦的運作極度複雜，但基本上，大腦可區分爲兩個部分，也就是俗稱的上腦（top brain）和下腦（bottom brain）系統。這兩個系統的結構、神經連結和認知功能都截然不同。[99]許多科學研究指出，大腦上半部主要負責決策，以及規畫、執行和調整計畫；下半部則主要負責人類認知的分類和理解。大腦的這兩個部分必須不斷緊密合作，才能發展深厚的狀態意識，做出最理想的決策並有效執行。上腦擬定及執行計畫時，會對應該或可能發生的情況產生期望，這股期望會爲下腦提供動機，促使其專注。隨後，下腦偵測及評估行動成果和環境變化後，相關資訊會傳回上腦，以利其確認或修改計畫。

敏捷的團隊和組織正是以類似的模式運作。領導者扮演上腦的角色，不僅負責研擬及清楚傳達指揮官意圖，更以身作則增進風險智慧，打造能有效去中心化運作的環境。次階領導者與其團隊則全力發展狀態意識，並直接推動實務上的進展。最高領導者會鼓勵並授權他們各自運用專業知識和創造力，適度創新、聰明冒險及尋找達成目標所需的最佳解決方案，這一切都要在確實定義的自主空間內執行，不得踰矩。他們不僅要持續監控及評估執行過程和局勢變化，也要循著指揮鏈迅速向上回報，讓領導團隊盡可能即時調整計畫和行動。

組織內分別扮演上下腦的各個團隊，能夠如此扎實又協調地溝通和合作，主要得力於我們所謂的「提點－指導－回饋」（priming-education-feedback）程序。

我們與丹尼斯・布萊爾（Dennis Blair）上將討論此必要舉措時，這位前國家情報總監（DNI）針對提點步驟提供了貼切的實例。情報界培養風險智慧最有效的時候，是在不斷尋找預期之外的資訊之餘，還能由政府和軍方高階官員不斷提醒其目標、疑慮和優先事項。

反向實行此程序也同樣重要。前中央情報局（CIA）和美國國家安全局（NSA）局長麥可・海登（Michael Hayden）將軍特別強調，情報體系必須同心協力，深入了解政治領袖如何消化資訊、將環境情勢化爲具體概念，以及使用資料和分析工具。唯有這樣，情報單位才能爲政治領導者提供有效指導，使其了解相關徵兆和發展的意義。

敏捷具有主動進取的本質，也隱含慎重行動的傾向和求勝意志，因此能指示組織上下腦在交換資訊之外，所必須發揮的功能。認知模式理論（Theory of Cognitive Modes）是由認知科學家史蒂芬・柯斯林（Stephen Kosslyn）所提出，後來在里歐的共同推動下，延伸應用到組織內部，並提供實用的實務框架。[100]

柯斯林歸納出四種主要影響決策和行爲的認知性格，分別是**適應者**（adaptor）、**刺激者**（stimulator）、**感知者**（perceiver）和**行動者**（mover）。他指出，雖然人們總是同時使用大腦的上下半部，但每個人運用上下腦**超過**當下情況所需的程度不盡相同。例如，當環境中沒有任何事情強迫我們在例行活動之外付出心力，有些人可能傾向主動擬定計畫，把握潛在機會。同樣的情形下，有些人則可能順從慣性，較偏向運用下腦的能力，持續提升狀態意識。認知模式也能運用到組織，有助於解釋組織的商業模式、成功與失敗，以及敏捷程度。

適應者模式

當上下腦皆未全力運轉，就會啓動適應者模式。採取此模式的人通常不會過度在意計畫，也不會認眞分類及闡釋自身的經歷。相反地，立即的指令和任務通常較能吸引他們的注意，其行動和結果容易受外力形塑。

商業界中，二〇〇七年前後的花旗集團就是很好的例證。稍早之前，我們就曾稍微提到該企業擔任上腦角色的董事長兼執行長普林斯及其名言：「當名爲『流動性』

的音樂戛然而止，表示事態嚴重了。但只要音樂不停，就必須把舞跳下去。」[101]事實上，普林斯已機警察覺到第五章所說的惡性循環。他知道花旗集團背負著更大的風險，正往危機爆發之日一步步靠近，但他拒絕懸崖勒馬，因為放棄收益和犧牲市占率都是企業無法承受之重。這種不考慮後果的魯莽競爭行為，不僅與敏捷背道而馳，也是適應者缺乏策略願景的表徵。不過，普林斯同樣知道，當去槓桿化的惡性循環終於啓動，買方（「流動性」的代表）就會消失，到時必定無法即時紓緩風險。

讓情況更雪上加霜的是，花旗集團擁有大量性質迴異的程序和系統，導致其風險組合不夠明確，企業的下腦難以掌握整體情勢，無法發展狀態意識及偵測威脅所在。套句路易斯．卡羅（Lewis Carroll）的《愛麗絲夢遊仙境》中某個角色的台詞，「如果你不知道何去何從，哪條路都可以是你的方向。」在這個案例中，花旗集團彷彿是射擊攤位上的鴨子立牌，上下腦陷入癱瘓，終究步上借助納稅人稅金紓困一途。

刺激者模式

當偏重於使用上腦，但下腦停擺，就會啓動刺激者模式。此模式對於產生創意想法和解決方案極度重要，但缺少下腦的狀態意識予以平衡，策略可能因而產生龐大風險，與現實脫節。一旦環境發生變化，策略勢必得適度調整之際，這個模式可能致使計畫僵化，未能即時變更。

韓戰就是一例。道格拉斯．麥克阿瑟（Douglas MacArthur）將軍未能妥善評估下腦單位釋放的衆多警訊（這些訊號可能來自戰場、外交管道及歷史前例），無法認清中國有能力及意圖介入戰爭的事實，因而翻轉了韓戰的發展路徑。再往前追溯幾年，德國指揮官同樣無視部屬的建議，拒絕正視史達林格勒（Stalingrad）戰役的現場戰況，深深影響了第二次世界大戰的情勢。

明富環球的執行長榮．柯辛（Jon Corzine）就是很貼切的商場案例。即使風險經理和其他高階主管反覆警告他，公司已經承受過量的風險，他仍不顧高風險地在市場中豪賭，加速企業衰敗。因此，如同第五章所述，原本普遍認爲不會受到太多影響的金融中介機構，最後卻累積過量的風險組合，遭遇到與避險基金不相上下的劇烈衝擊。當這些風險逐一化爲具體的損失，企業很快就面臨倒閉的命運。

感知者模式

當大幅使用下腦，但上腦相對閒置時，就會啓動感知者模式。此模式會專注於積極理解環境、詮釋經驗、在情境下消化資訊，以及挖掘經歷背後的意義。一切都很理想，但問題是需要發揮敏捷特質時，採取此模式的人通常不會投入太多時間進行規畫，也不會發展執行計畫所需的專業素養。

如果組織採取感知者模式，我們很容易就能發現，高階領導者傾向將策略願景和規畫的工作下放給各個組織部門。當然，這麼做的危險在於，這些單位之間有所區隔，無法掌握組織的整體風險組合，不了解組織承受風險的能力，甚至不清楚彼此的活動狀況，最後各種風險相互作用，形成致命危機。同等重要的是，雖然各部門可能都有優秀人才，能有效達成各自設定的目標，但最終成果可能無法回應組織的需求，導致未能成功實現組織的整體目標。

第九章即將探討的越戰正好能具體說明，感知者類型的組織可能在贏得許多戰役後，最終輸掉整場戰爭。

行動者模式

當上下腦都全力運轉，就會啓動行動者模式。這種情況下，上腦會研擬及執行計畫，並由下腦記錄行動結果，發展出優異的狀態意識，而得以順利重新調整目標和計畫。

以行動者模式營運的組織，等於已進入敏捷狀態。他們擁有完整而清晰的指揮官意圖，並且能清楚傳達。積極監控的環境訊號在指揮鏈上順暢傳遞，使管理階層能夠及時重新調整策略和戰術。

行動者模式的組織設計、回饋循環和領導溝通，都是依照風險組合而量身打造，因此上下腦能各司其職、有效溝通、協調合作，攜手追求明確定義、嚴謹斟酌的共同目標。本書多次以二〇〇八年至二〇〇九年的全球金融危機為背景闡述實際個案，其中高盛集團能夠安然度過這波危機，就是行動者模式的最佳代表。

柯斯林和韋恩・米勒（G. Wayne Miller）在合著的《上腦與下腦》（*Top Brain, Bottom Brain*，中文名暫譯）一書中表示，每個人的這些認知模式，沒有哪種天生就特別優異，必須因應不同情況切換模式，才是最理想的作法。舉個例子，如果我們身處一場多人激烈爭辯行動方針的會議，那麼切換到感知者模式最爲恰當，如此我們才能敞開心胸，接納不同的意見。

如同人會習慣使用某個認知模式，組織也會有所偏好。如果組織希望達到敏捷的境界，營運過程務必一律採取行動者模式，這需要高階領導者明確做出選擇及投入大量心力。想要比對手更快察覺環境變化，並主動把握機會及化解威脅，整個組織必須攜手全力以赴才行。上下腦必須養成習慣，以超越最低需求的效率運作，即使當下沒有顯著的急迫挑戰，也不能鬆懈。[102]

現場知識

一九七〇年，阿波羅13號執行登月任務期間，因氧氣槽爆炸而癱瘓了服務艙，導致艙體內部流失熱能，電力和水源短缺。然而，二氧化碳排除系統受損，才是引發最大危險的主因。

一九九五年上映的電影《阿波羅13號》（*Apollo 13*）中有一幕相當震撼人心，片中NASA的工程師將太空人當時手邊的所有物資集中放到桌上，他們利用膠帶、長襪、塑膠護套、飛行計畫書的紙板，以及太空衣導管，製作出「過濾」裝置，將二氧化碳從艙體中排出。在工程師的指導下，太空人如法炮製，在太空中順利複製出相同的排碳設備，最後安全重返地球。

「臨時幫阿波羅13號做出救命裝置的工程師，大多原本就參與太空梭的設計工作。」指揮調查哥倫比亞號事故的約翰·貝瑞（John Barry）少校指出，「他們對太空梭的構造瞭若指掌，所以才能及時設計出有效的解決方案。相反地，當時判斷哥倫比亞號局部損壞不至於釀成災難的人，就不像這些拯救阿波羅13號的工程師一樣擁有扎實的現場知識。」

論及去中心化的好處時，我們時常聚焦於獨立決策的速度。在位置離散且瞬息萬變的複雜情況下，尤其是對手試圖切斷通訊管道時，向上級尋求核准不僅不切實際，也危險四伏。這麼做會產生新的弱點，阻礙我們化解威脅、挖掘機會。

任務式指揮的目的，是要解放所有層級的指揮官，使其可以自由而有效地回應快速變動的現場狀況。想要達到此目的，指揮官必須擁有詳盡的現場知識，對此，頂尖組織長久以來始終明白其重要性，並已付諸實行。

在行銷與品牌塑造領域，跨文化素養能為產品、服務和品牌增添情感和文化共鳴。負責經營資訊網的情報人員，時常對於地方的政治環境、重要人士、方言和文化，擁有極度詳盡的相關知識。連鎖賣場的領導者給予區域經理很大的自由空間，由他根據分店的位置和服務的社群性質，決定產品組合。

以色列在國防工業上的創新腳步從不停歇，其成果往往令人備感驚豔，背後的推手正是該國獨一無二的後備制度。在這樣的體制下，後備軍人對民間企業和軍隊都能發展出詳盡的現場知識。

近年來，有鑑於全球的監管制度差異甚大，金融機構已普遍大幅提高區域主管在投資和商業決策上的權力。

如果組織想將有效賦權的成效延伸到最前線，除了運用深厚的現場知識之外，所有團隊成員也必須清楚了解組織授予其多少自由空間，能在多大的限度內允許個人盡情發揮才能、自主行動。

自主空間

所有階層的領導者和團隊成員都必須擁有適度的行動自由，去中心化的運作模式才能產生應有功效。太過自由會干擾管理工作，但微觀管理又會扼殺創造力和獨立決策力，導致組織錯失良機，或是無法因應快速變化的情況來調整對策。敏捷需要在由上而下和由下而上的決策模式之間，取得恰到好處的平衡。這裡所謂的平衡（大腦上下半部的分工）可解釋成清楚定義界線，亦即在特定範圍內，獲授權的團隊成員能夠有紀律地充分自主行動。

不同組織的自主空間大小可能差異極大，而實務上也的確如此。某些情況下，個人和團隊必須忠實遂行指揮官意圖，容許臨機應變或發揮創造力的空間不大。舉例來說，執行精準空襲任務的飛行員，通常會收到相當明確的作戰指示，盡可能避免波及無辜。如果企業的財務主管接獲指示增加借貸，但不能大幅改變公司的資產/債務風險組合，他/她能動用的資本市場策略將會因此受限。

反之，如果情況需要由下而上果斷決策，且需盡量展現足智多謀的特質，則允許的自主空間勢必會增加許多。例如，要是軍隊指揮官受命在分散的位置展開反游擊戰行動，就可能擁有很充足的自主權。研發部門或公司（例如Google X）的宗旨在於因應棘手的問題，尋求高風險／高報酬的「高層次」解決方案，通常也能擁有較多發揮的空間。[103]

不同組織、同一組織的不同單位，以及不同計畫所允許的自主空間顯然大相逕庭，並充分反映出業務性質、主要的環境條件和確切目標。隨著組織不斷演變，自主空間也可能需要隨之調整。完成高度中心化的軍事入侵行動後，緊接著可能需要展開維穩工作，而這是屬於相對去中心化的任務。當新創科技公司完成研發工作，進入成果商品化階段，可能需要建立更清晰的領導架構，限縮部分自主空間。

各領域透過賦權來界定自主空間時，通常三管齊下：一、指派正式領袖；二、分配資源；三、管理風險。領袖負責處理領導者和團隊獲准獨立完成的決策類型。資源分配包括為業務線或計畫配給資金、人力和工作頻寬。商業界普遍採用風險限額（risk limit）概念，以此做為額外的控管機制，而美軍指派重要任務時，時常會附帶說明相關的約束和限制。

❖ ❖ ❖

組織必須發展靈活的調適能力，視情況演變將集中化／去中心化的管理配比調整到合適狀態，以便實現敏捷特質。爲此，組織必須具備全面明確調整自主空間的機制，很多時候行動指示不能僅侷限於訂定禁止事項。這些機制必須全面而彈性，才能針對任何組織的獨有特質和情況量身打造。我們依照這些條件發展出一套調整機制，詳述於下一章。

Chapter 8

策略願景實踐

Operationalized Strategic Vision

我們曾請教某知名金融服務公司的兩名高階主管，想知道他們任職的組織如何創造長期價值。

營運長的答覆完全以客戶爲導向：公司的主要業務是協助客戶達成財務目標。從她的言語間不難察覺，客戶需求是決定其公司產品、業務組合和風險組合的重要因素。

相反地，財務長的回答則完全以資產負債表爲核心：公司的業務重心在於靈活配置資本，將資金投入風險調整後之報酬率最亮眼的活動和市場。雖然客戶關係是企業成長和獲利的重要推手，但公司產品和服務才是達成目標的手段，亦即帶動業務成長，爲利害關係者提供卓越報酬。

若組織內部光是對業務最根本的層面就有如此截然不同的看法，必定無法齊心協力，將政策轉化爲有效的行動。

大部分高階領導者通常會竭盡所能地解釋組織和事業至高無上的宗旨與目標。這通常是透過公司使命、願景和價值陳述，以及策略規畫和啓發人心的領導溝通等方式來完成。

然而，團隊成員仍時常感到不確定，除了無法確切掌握公司的最高策略和業務理念，對於實際運作方式也缺少具體的概念，更不了解如何在例行活動中充分運用。

這種缺乏清晰認知的現象會削弱自主意願和創造力，導致團隊成員規避風險，即便執行者已獲得授權，但在面臨相對基本而繁瑣的決策時，還是時常有需要尋求上級核准的感覺。

想要具備敏捷力，組織的整個指揮鏈必須全面塑造和闡明願景與戰略，清楚表達並說明事業本質、業務理念，並明確指出何謂適當的行爲、實務作法和自主空間。我們建構的「策略願景實踐」（Operationalized Strategic Vision, OSV）程序可回應此需求。

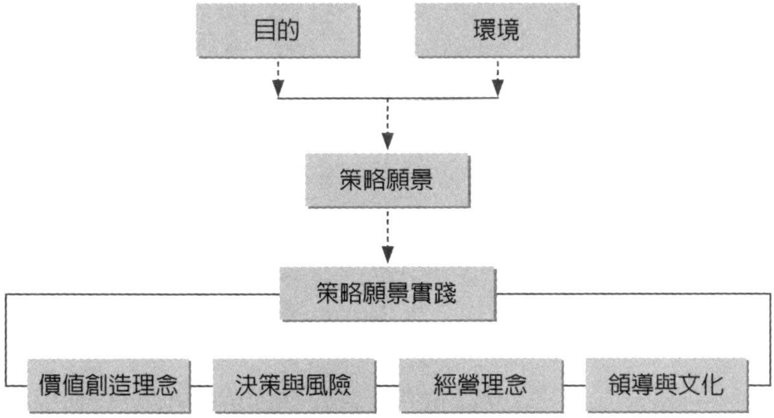

策略願景實踐程序

策略願景實踐程序

價值創造理念

組織如何創造長期價值？若要清楚確立策略和實務方向，以利團結眾人心力，獲得去中心化應有的功效，組織有必要全面而完整地回答這個問題。除了讓整個指揮鏈對目的和願景產生共識之外，這也是發現模糊地帶、質疑預設立場，以及在理念和現實之間斟酌或妥協的寶貴機會。

以企業界爲例。我們時常聽到領導團隊在談到這個主題時表示，他們的公司主要透過預測及滿足客戶需求、穩定開拓業務及收入來源、追求營運效率和卓越，以及提供優異的客戶服務，創造長期價值及維持與業界的關聯。

但這究竟是什麼意思？我們如何定義業務與客戶和其他利害關係者群體的關聯？在我們的商業模式中，創新和風險承擔扮演了什麼角色？我們決策時所參考的會計和法規依據，是否遮蔽了經濟的現實面？爲了防範華爾街分析師所不樂見的營收波動，我們是否願意遷就短期考量而影響到長期績效？

公司想要長久立足、締造過人績效，通常會集結衆人之力，全面且清楚地表達其創造價值所奉行的理念。他們會說明如何在內部設定的目的和策略，以及外在的客戶需求和競爭因素之間取得良好的平衡。他們會指示員工以實際的經濟狀況爲決策基礎，並灌輸員工積極的工作心態，敦促員工把握機會，而非只是緩解威脅。

一旦將策略願景實踐程序的重要目標之一，定調爲促進敏捷力，長期價值創造的其他面向就會連同變得重要，包括齊力增進風險智慧、主動管理風險組合，並打造一個有利推動去中心化實務的環境。

有趣的是，有鑑於實務環境充斥著不確定因素且情勢容易變化，有些公司已將風險管理列爲價值創造過程中不可或缺的一環，將其視爲一種核心職能及特有的價值主張。對他們來說，風險管理具備前瞻性質，需不斷評估及主動管理第六章結尾所探討的風險方程式，並非事後才倉促執行各種活動來減少損失及管理公共關係。[104]

請思考以下這個資訊皆已公開的實例，本節會不斷提到這個案例。亞馬遜公司自一九九四年創立以來，始終清楚闡述其創造價值所遵循的理念（包括堅持客戶至上），外界普遍認爲，客戶的利益與該公司的長期成果緊密相關。

該企業謹慎地衡量產品和計畫的成效，若計畫成果斐然，就擴大規模繼續推行；如果計畫未能帶來令人滿意的報酬，則果斷放棄。如同亞馬遜在股東公開信和公開揭露的資料中多次提及，秉持「成本意識」迅速決策，是公司的優先要務與自我期許。面對「很有機會站上市場領導地位」的領域時，即使謹慎評估風險、大膽行動，成本依然是考量項目之一。

對亞馬遜公司而言，依實際的經濟情況和長期考量來決策，同樣不能有絲毫含糊。「若得在根據一般公認會計原則（GAAP）美化帳面數據，以及盡可能最大化未來現金流的現值之間做出抉擇」，該公司「會選擇現金流」。[105]

相較之下，麥肯錫摘述學術研究人員對四百名企業財務長的調查結果，「整整有八〇%的財務長表示，他們會針對不一定能創造價值的活動（例如行銷和研發）減少相關的權衡性支出，以符合短期的收益目標。除此之外，三十九%的受訪者指出，他們會選擇在當季提供銷售折扣，以達成季度的收入目標，而非等到下一季才祭出因應措施。」[106]無須贅言，這些作法都有損公司文化，對長期績效有害無益，而且違背敏捷特質。

決策與風險

屬於核心能力的風險智慧和決斷力，不會憑空出現。唯有高階領導者願意優先發展這些能力，並將其視爲卓越標準，而且整個組織都能欣然配合，這些能力才能眞正內化到組織的脈絡之中。全組織上下必須對於風險智慧和決斷力的意義及需付出的心力，擁有共同認知，以此爲基礎共同努力。團隊成員也必須有充足的機會，可學習及練習必要的技能和能力。

誠如第四章所述，愼重決策是策略權衡的結果，目的是要試圖在目標、風險和能力之間取得平衡。爲了確保執行策略時能有效整合各種去中心化活動，高階領導者必須廣泛說明策略權衡的執行方式，解釋如何識別風險及妥善管理。此外，由於不同組織階層和單位之間的目標、風險與能力勢必有所差別，因此高階領導者也要確認，定義和相關指標之間能相互對應並維持一致。

幾年前，我們曾指導某個客戶實行「策略願景實踐」程序，當時該公司即將展開內部稽核。有鑑於此程序通常會牽涉到整個組織，因此我們請稽核師向各個部門和團隊詢問以下問題：你們有哪些預定目標？你們監控及管理哪些風險？你們如何產生決策及評估替代方案？在此過程中，風險扮演什麼角色？出乎高階管理團隊意料之外的是，各團隊設定的高層級目標和風險（以及團隊產生決策的方式），均與指揮鏈上的指標和實務作法嚴重脫節。

亞馬遜公司示範了組織如何說明其決策框架和經營理念。有別於注重短期獲利或股價，亞馬遜始終秉持長期的決策視野，以追求市場領導地位爲努力目標。該企業在不同發展階段（也視當時的實務環境而定），會根據特定的優先目標（例如業務成長），發展有助於達成目標的機制，而暫時擱置其他目標（例如獲利）。同時，他們也與利害關係者分享各個必然決策背後的理由，使其能「自行評判」亞馬遜是否「做出理性的長期領導投資」，而這會進一步強化管理階層堅守的紀律，持續權衡策略。

有效的策略權衡必須奠基於對風險的深入了解，而策略願景實踐程序已被證實有益於清楚說明組織上下如何增進風險智慧。例如，高階領導者或許能強調，每個人都有責任增進風險智慧、識別相關風險，並全面評估風險的弱點、機率和結果。他們也許能確實列出不符合組織商業模式或經營理念的各種風險。[107]他們可能也會解釋，組織必須在短期和長期目標之間取得平衡，並精簡列示其他廣泛原則，例如：

- 承擔的風險必須能推進策略和優先事項、反映組織的價值觀和規定，並須依照組織承受風險的能力謹慎斟酌。
- 承擔的風險必須集中於我們擅長的領域，而且預期報酬必須超過事先設定的門檻。[108]
- 發現不錯的機會時，斟酌風險的行爲必須大膽果斷。誠如古老的諺語所言，「優秀的牌手（敏捷組織）會充分利用牌桌上的每個機會，不浪費一手好牌」。[109]

策略願景實踐程序除了能促進決策和風險承擔等方面的共同認知，也被證實能有效調整自主空間，將去中心化程度調到適當的水準。某些情況下，自主空間可能需要嚴格控管。舉例來說，資產經理人和金融服務公司時常需明確限制風險和規模，以抑制個別投資的風險以及該投資對風險組合的衝擊。整個公司的風險偏好（以及依風險類型、業務線或地理位置分類的各種元素），也可能受確切的風險限額所約束。有些科技公司和藥廠會明確限制總研發預算，以及分撥給個別計畫的金額。

如同保羅．扎克（**Paul Zak**）在《信任因子》（*Trust Factor*）一書中指出，麗思卡爾頓酒店（Ritz-Carlton）授權員工在取得主管的允諾後，最多可花費兩千美元爲賓客解決其遇到的問題。[110]該飯店的結論是，縱使這種賦權機制會產生臨時負債，但它與飯店提供賓客優質住宿體驗的目標不謀而合，而且也在飯店承擔風險的能力範圍之內。

經營理念、領導與文化

我們「控管開銷」、「積極評估風險」、「謹慎用人」，並「依據最嚴格的道德標準經營事業」。高階主管的行爲「充分體現我們恪守規矩的至高原則，不管規矩是大是小，都不輕易踰越」。「所有人善盡本分、迅速決策，用心關懷客户並貢獻想法。」我們「依常理行事」、「設身處地善待合作夥伴」，並「秉持廉正節操創造亮眼報酬」。我們「從不過分樂觀」，員工「絕不輕率疏忽或驕傲自負」。[111]這些都是投資銀行貝爾斯登的經營理念。

一九七〇年代晚期到一九九〇年代初期，在堪稱傳奇人物的執行長與慈善家艾倫．葛林柏格（Alan Greenberg，綽號「王牌」）領導下，該銀行的發展蒸蒸日上。

不過，等到吉米．凱恩取而代之，該銀行便失去其賴以成功的價值觀和實務方針。

策略願景實踐程序可與領導溝通和組織價值陳述搭配使用，協助高階領導者說明公司對員工在處事以及與利害關係者互動上的期許。有鑑於各種商業模式和營運實務都能以這種方式制度化及清楚傳達，若要全面探討此一主題，必將超出本書所能負荷的範疇。不過就我們的經驗來看，可以肯定的是，企業界已經發現策略願景實踐程序的實用價值，它不僅能體現營運卓越的眞正意義、[112]將挫折和無心之過轉化為學習契機，還能引領組織衡量進展和管理支出。儘管需要大量的培訓和教育資源，才有辦法在實務上推行去中心化，但運用策略願景實踐程序來闡明組織應如何取得及開發人力資本，並且培養下一代領導者，實務上也已證明有其功效。

傳達經營理念時，有些公司選擇明確說明對個人行為的預期標準，並清楚劃出自主空間的界線，就像面對決策和風險的作法一樣。舉例來說，「王牌」葛林柏格要求員工重複使用迴紋針、橡皮筋和內部單位之間遞件用的信封，在華爾街廣為流傳。他經常坦承，他自己「從未體驗花大錢享樂的感覺，尤其不可能花自己的錢」，將對企業的用心延伸到嚴格控管開銷。至於確切界定自主空間，較近期的案例是亞馬遜公司利用披薩數量控管開會人數，規定與會者人數必須是用兩份披薩就能充足供應的，透過防止開會人數過多，極力促進創新。[113]

組織的經營理念與領導力和文化密不可分。除非領導者以身作則，否則遵守道德規範、勇於承擔責任、彼此尊重等美德無法扎根。如果員工態度鬆散，或害怕因爲呈報壞消息而遭受懲罰、擔心因爲發出警示而遭人訕笑，他們必定無法適時察覺環境變化並全盤評估。

敏捷程序必須在崇尚適度賦權、承擔責任，以及彼此信賴的組織文化中運作，不然整個程序勢必失效。下一章將會深入檢視促進敏捷特質所需的領導力和文化，其中許多面向都能經由策略願景實踐程序化爲具體制度，明確體現。

在實際執行上，策略願景實踐程序必須根據組織的文化和高階領導者的個性量身設計，有些客戶將此稱爲「企業工程」（corporate engineering）。我們發現，有些公司的高階管理團隊喜歡一連好幾天關在沒有窗戶的會議室，有系統地確立公司願景和經營理念，並賦予內涵。有些企業的領導團隊則偏好由個人獨自思索這些問題，再利用其他程序整合衆人的想法，最後彙整出各方都同意的觀點。

組織發展出界定自主空間的機制後，就能進入下一個重要議題：評定去中心化的程度是否適當，應取決於哪些考量？有一派說法倡導所有組織必須「無所畏懼地去中心化」，以回應日益加快的變化。下個階段中，我們可以詳加檢視這種作法的成效。

爲何扁平化組織不一定能成功

幾年前，我們有個客戶（全球數一數二的投資公司）發生令人費解的現象。這家企業的指揮官意圖清楚明確，也順利地公告周知，亦即在妥善管理下，提供優異的投資報酬和客戶服務，藉此帶動資產成長。全組織上下清楚了解策略願景（價值觀、行爲標準和經營理念）的實踐要素，並穩健一致地付諸實行。管理階層授權採取去中心化作法，謹慎劃定自主空間（以資產分配和風險限額等方式來具體化）並有效治理。然而，該公司卻不時發生績效嚴重未達標的問題，尤其在市場混亂和發生危機時，此現象更是顯著。

評估虧損原因的過程中，我們很快就注意到該公司的投資風險組合。能夠大膽而謹慎地投資股票、債券，以及價值遭低估的企業，一向是這家公司引以爲傲的能力。因此，以去中心化的方式遂行指揮官意圖時，他們的具體作爲大抵環繞在挑選個別投資標的，他們認爲這樣風險會相對獨立，不會彼此影響。然而，事實上，這個過程不斷累積高度連動的（系統性）風險組合，當危機爆發，所有風險便一起反應，產生更大的效應。[114]從那次經驗中，我們學到重要的一課：

組織在決定去中心化的程度時，務必將風險組合視為關鍵要素。各種風險間的關係愈緊密，實務上愈需採取集中化管理，反之亦然。

實際運用此原則時，需仔細評估各組織層級的風險本質，並與指揮鏈各處的自主空間明確對應。[115]爲了因應第四次工業革命，全球普遍追逐組織扁平化，但這種無差別群起效尤的作法不僅無效，更爲組織帶來危險，原因正是組織設計會受風險影響。同時，還要謹記任務式指揮的準則，亦即必須相當謹慎地劃定自主空間的界線，以免過度侷限自主行動和臨場應變的可能性。微觀管理本身就是極大的風險。

組織的風險組合或外在環境有所變動時，組織勢必得調整去中心化的程度，由此可呼應第七章與認知模式相關的討論。回想一下，談及人腦主要的認知模式時（適應者、刺激者、感知者和行動者），柯斯林和同事認爲，這些模式沒有孰優孰劣的問題，依據不同情況適時切換不同模式，可能才是最有利的作法。相較之下，我們則強調，唯有採取行動者模式，組織才能達到敏捷境界。從企業的大腦中拔除主動應對和發揮創造力的元件，絕非明智作法，而且上下腦必須隨時超越當下情況所需有效運轉，才能順利偵測威脅和機會，從中獲益。

一旦組織能夠靈活地調整自主空間，進而改變去中心化的程度，以回應環境的變化，而且過程中始終維持行動者模式，即展現了**認知敏捷力**（cognitive agility）。當認知性敏捷、戰術性敏捷和策略性敏捷集於一身，才算眞正實現敏捷境界。

美軍入侵阿富汗（二〇〇一）和伊拉克（二〇〇三）的行動，一開始都是由政府和軍隊領導者統一指揮的「上腦」行動。後續幾年間，軍事行動轉型成全面反游擊策略（請見第五章），並在追加戰力後，調整爲去中心化的行動模式，以回應戰場局勢不穩、瞬息萬變的特質。即使部隊進入同一個村莊，執行的任務也時常天差地遠，從掃蕩恐怖分子、訓練警察維持秩序，到興建女子學校、興建電廠，甚至是興辦微型貸款以刺激經濟，都是可能的任務。

由於每種任務需要的資源和合作對象不盡相同（舉凡特種部隊、警員，抑或是美國國際開發署〔USAID〕計畫管理人員都有可能），在各種人員組成的團隊內建立起互信關係相當重要。

負責這項重責大任的年輕幹部，必須徹底了解領導者的意向、價值觀和風險容忍度，在沒有主管坐鎮的情況下，完成繁雜的各種決策。高階領導者能透過特地設計的監控和評估工具，監看這些去中心化活動的成效。基層指揮官必須具備無比的勇氣，才能肩負起如此重大的責任；而高階領導者要交出控制權，打造一個相互信賴和充分賦權的當責式環境，也同樣需要勇氣。

這些有關指揮與管制理念、風險智慧、策略權衡或去中心化程度的討論，或許看似抽象，但在全面掌握相關資訊的運作框架下，這些工具可協助各領域的組織發展及持續演練敏捷力，不管是處於鮮少變化的環境，還是面臨迫切情況，都可以適用。美國績效名列前茅的各大消防局就是強而有力的例證。

案例：敏捷救火行動

二〇一三年十二月十四日深夜十一點四十分左右，索拉納櫻桃溪（Solana Cherry

Creek）公寓建案突然起火，這處多達三百四十一戶的建築群當時仍未竣工。這裡是丹佛（Denver）的郊區葛蘭戴爾（Glendale），街道兩旁種著成排的行道樹，周圍是公寓大樓，住著數百名居民。深夜時分，許多人早已入睡。

由於建築本身尚在興建結構的階段，木材基底完全暴露在外，很快就被火焰所吞噬，烈焰從四十五公里外就能看見。火勢蔓延達十幾公尺之高，火場的高溫很快就發散到周圍的建築物。高溫烘烤之下，其中一棟建築物開始釋放出有毒氣體。好幾棟建築的窗戶開始破裂。現場溫度實在太高，沿著建案周邊停放的汽車大燈、鏡子和車身鈑件開始熔化。整個街區很快就會遭祝融燒毀。

幸好，丹佛消防局的助理局長馬克·魯西奇（Mark Ruzycki）率先抵達現場，他是受過專業訓練的緊急事件指揮官，經驗豐富，在抵達火場後馬上坐鎮指揮。他立即下達三級火警任務，命令出動九輛消防車、六部雲梯消防車和水塔消防車、救災車、危險物質處理小組，以及一支緊急救援小組，另外還徵調四名局長前往支援。

魯西奇依據國家災害管理系統（NIMS）的嚴格規定，確實組織救災行動，下達命令時無比冷靜。他熟練地評估整體情勢，認爲火場周圍住著眾多居民的建築物，才是必須優先處理的問題，而非被烈火吞噬的建案工地。

他隨即為每棟建築物指派一支救火隊，並個別任命一名隊長和小組，各小組由四名消防員組成。每支隊伍即刻展開救災行動，由各隊長自主調派人力，根據既定的救災計畫執行四項精密策畫的搶救行動。有些小組開始對岌岌可危的建築物灑水滅火，有些則著手疏散居民。隨著愈來愈多消防車、雲梯車和緊急救援小組抵達現場，各車的消防水帶相繼轉向起火的工地，協力撲滅猛烈的大火。火勢最終在凌晨一點三十分左右獲得控制，現場無任何人員傷亡。

天災、火災、人為災害、意外事故、恐怖攻擊和急診現場總是令人怵目驚心，說是人性最脆弱的時刻也不為過。在這些場合中，若能看見消防隊馳援現場，英勇的消防員馬上投入救援行動，我們往往就會感覺受到保護，安心不少。他們顯然經驗豐富，訓練有素。他們思緒敏捷，挺身處理任何意外狀況，並擅長運用手邊能取得的資源完成任務。

然而，背後不為人知的要素才是消防員能敏捷行動的重要關鍵，包括事前整備、風險智慧、決斷力和信任。就像消防員面對社會大眾五花八門的問題時最愛給的答案，他們的工作並非只是「**向熊熊火焰大量灑水**」。

增進風險智慧

丹佛消防局前安全與訓練主任史考特・海斯（Scott Heiss）解釋，火場指揮官一踏出家門，忙碌的一天就算正式展開。路途中，指揮官必須留意所有細節（包括天氣、風速、濕度），試著設想進入緊急救援現場時可能面臨的狀況。接著，這些觀察會與他原本對該區域的詳盡知識相互統合。他會定期視察容易發生事故的地點，超前預擬緊急應變計畫。救援路線、封鎖方式、交通模式、事故歷史，以及諸多人爲和地理因素，都需妥善評估和監控。此外，消防局的同仁需檢查車輛和裝備，並補充前一趟任務用完的補給物資。如此一來，當指揮官抵達意外現場，就能馬上指揮團隊採取行動，控制局面。

發生緊急事故時，勤務派遣員（最初接到通報電話的消防員）就扮演起情報蒐集的重要窗口，決定了後續行動的成效。他們必須具備蒐集、解釋和清楚表達相關資訊的能力，缺一不可，才能全盤掌握整體概況到最微小的細節。這些知識是他們判斷後續行動的基礎，亦即確定發生的緊急事故屬於哪種類型。

隨著適當的人力、車輛和裝備迅速動員，派遣員需向已經趕忙上路的消防隊員解釋緊急事故的情況。這能協助消防員了解即將面對什麼狀況，讓他們可以在抵達現場前，開始思考因應和救援方法。

誠如芝加哥消防局的資深指揮官所說，「當你從無線電對講機聽到某些派遣員的聲音，你會感覺很篤定踏實。你知道他們所說的一切資訊都經過思考和消化，而且是根據豐富經驗所做出的判斷。他們全神貫注，傾全力輔助團隊成功執行任務，並確保所有人平安。他們是隱身幕後最有力的支援。」

權衡目標與風險

消防員是任務導向的公職人員，其行動受三個至高目標所規範。依重要順序排列的話，這些目標依序爲：一、確保生命安全；二、穩定災害狀況；三、保護財產。依循這清楚的指揮官意圖，可得出以下指導原則：百姓福祉應優先於消防員本身。消防員日夜實踐這項命令，心繫他人的安全，但他們的生命卻暴露於風險之中。

每起緊急事件必定伴隨著一系列決策，決策者要審慎考量達成目標所需承擔的風險量。如果情勢惡化可能危及人民生命，爲了維持情況穩定，決策者可能需考慮承受龐大風險。相較之下，保護財產通常不會涉及太多風險。在風險智慧的基礎上，這樣的策略權衡行爲有助於平衡目標、風險和可用資源。丹佛消防局長艾瑞克·泰德（Eric Tade）指出，在實務工作和文化中融入這種以風險爲中心的思考模式（儘管不一定是鎖定這些層面），是消防職務領導者的重點要務之一。

做好行動準備

承上所述，一場救災行動中，第一個重要判斷就是來自勤務派遣員，是他/她決定了緊急事件的類型，以克勞塞維茲的話來說，就是消防員即將親身面對的「戰爭本質」。接著，派遣員會參考預先定義的「執勤矩陣表」，動員必要的資源和人力。事實上，不同類型的緊急事件（試想空難、恐怖攻擊、化學物質外洩等三種情境）需要動員的消防員人數、消防車類型和數量，乃至補給物資都不一樣。

如果發生的是交通事故，消防局可能需要派出一輛消防水車、一輛雲梯車，以及一名轄區局長。相對地，若是高樓大廈失火，則可能需要上述情況的好幾倍資源，外加消防界的「菁英特種小組」，他們受過破門、處置有害物質，以及因應建築物倒塌等專業訓練。這些預先規畫好的作法（不同緊急情況所需派用的初步資源，都是經過嚴格分析和制度化），是奠定消防員行動基礎的重要因素。

勤務派遣員將風險智慧和決策的權力，轉交給第一個抵達現場的消防隊長。這位隊長接手指揮職權後，要負責進一步評估現場情況，決定是否需要追加資源，擬定初步救火計畫，並持續爲趕往事故現場的支援人員提供更多資訊。依據現場的實際狀況，初步的救火計畫可能會是積極搶救、保守防禦或採取過渡措施（如果情況許可，防禦型計畫可能會轉變成進取型計畫）。

更高階的領導者抵達現場後，指揮權便會順勢移交，最後遞交給災害現場事故指揮官。指揮官會不斷重新評估現場情勢，救火計畫也會隨著重新確認或調整。

重大緊急事件（例如天災、恐怖攻擊和大範圍野火）可能需出動上百名消防員、調撥大量裝備、架構複雜的物流和行動系統，歷時數天、數週，甚至幾個月。想要有效因應這類事件，即時開設臨時指揮中心勢在必行。

這類指揮中心可能具備多層級組織架構，且經過精心規畫，查爾斯長期共事的史丹利．麥克克里斯托（Stanley McChrystal）上將稱之爲「團隊組成的團隊」（teams of teams）。各團隊很快就會被賦予清楚界定的職務角色[116]和負責的地理區域。對環境的共同知識（從由上而下及由下而上所彙整的多面向風險智慧中獲得），會透過正式協定有效傳遞。指揮鏈會依據目標、風險和資源謹慎權衡策略，做出決策。與其無所作爲，謹慎權衡後做出決定才是上策。

爲了確保溝通井然有序，使任務在控管得宜的情況下順利進展，消防指揮官接受的訓練通常會要求他們高度掌握合理控制範圍內的人員編制，也就是在緊急事故現場直接監督的團隊數量。一旦這個數字超過特定門檻（例如進展快速的事件是以五支團隊爲上限），而且後續持續湧入其他資源，就得增設新的組織層級。透過這種作法，資訊才能在指揮鏈上有秩序地傳遞。

因此，事件指揮官只會與大隊長溝通，而大隊長只需向事件指揮官回報，並向中隊長下達命令。各小隊或子單位的領導者只需向直屬上司負責。不過有個重要的例外：現場允許（而且鼓勵）所有人在察覺極其重要的現象時，直接通知事件指揮官和其他團隊成員。在消防救援的情境中，增進風險智慧是每個人的責任。

藉由遵循與任務式指揮類似的指揮與管制理念，以及國家災害管理系統的規定，消防員才能在龐大的壓力下，即時建立規畫精良的組織並適時調整。國家災害管理系統協助確立一般參數和標準，包括行動方針和自主空間，因此臨時指揮中心才能具備強健體質，滿足緊急事件特有情況的需求。[117]

如此一來，集中式規畫和決策就能結合適度賦權的去中心化實務，讓消防員在極度不確定和瞬息萬變的嚴苛環境下，也能決斷採取有效行動。葛蘭戴爾的深夜大火就是最佳示範。

勇氣、卓越、可靠、無私等組織文化，是整合這一切的黏著劑。的確，與各階級的消防員對談時，我們很容易就能從他們的身上發現這些特質，而且他們將此視爲必備的基本條件。這種數十年來累積而成的消防員形象和文化，已在他們的心中根深柢固，激發他們對此行業的信任，進而營造出有利於培養敏捷力的勤務環境。就像超過一百年前的紐約消防局長愛德華．克羅克（Edward Croker）的名言所述：「一個人當上消防員的那一刻，就已達成一生中最勇敢的壯舉，之後他所做的一切都是在履行職務而已。」[118]

❖ ❖ ❖

精心設想行動理念、清楚傳達指揮官意圖，以及明智設定權力界線，都是實現敏捷力的必要前提。然而，除非是在特定的組織環境中使用，否則這些能力和工具不會發揮應有的效果。下一章，我們會探討哪些特定的領導和文化特質能夠營造敏捷條件，並促進敏捷的第二支柱：決斷力。

Chapter 9

決斷力

Decisiveness

「越南的那場戰爭不是在戰場上輸掉的，也不是輸在躍上《紐約時報》（*New York Times*）專題報導，或未得到大學生聲援。」麥馬斯特（H. R. McMaster）中將在《失職》（*Dereliction of Duty*，中文名暫譯）一書中寫道，這場戰役「輸在華府，在美國人民……意識到國家正在打仗，甚至在美國派出第一支部隊之前，勝負早已決定。」[119]

克勞塞維茲寫下戰爭是「政治另一種形式的延伸」，言下之意是，釐清政治目標是軍事行動成功的先決條件。麥馬斯特將越戰形容爲「沒有方向的戰爭」，這是戰爭缺少明確目標的貼切案例。歷史學家記錄了二十幾種贊同美國參戰的理由，包括抵禦共產勢力擴張的野心、對抗叛亂行動，以及信守美國的承諾。如同歷史學家哈利·薩默斯（Harry Summers）寫道，「忽視二次大戰後核子時代的軍事策略」、白宮的決策思維保守狹隘，以及高階軍事指揮官未能勇於提出異議，都是使問題惡化的原因。[120]

因此，誠如麥馬斯特所述，「戰場上的士兵奮勇作戰、壯烈成仁，卻不清楚自己的行動和犧牲能發揮多少終結衝突的作用」。相較之下，北越的目標「捍衛家園，征服南越」則無比清晰，而且打動人心。

除了缺乏清晰目標，美軍也缺少定義明確的指揮官意圖，形同失去指揮的制高點。若將重大決策下放給大單位的指揮官，他們一般會選擇執行自己最擅長的行動，也就是部署大量火力推進近期目標，而且時常只能被動回應。這麼做通常能造就卓越的戰術成效，但會與策略漸行漸遠。

美軍在大多數個別戰役中取得勝利，但各項任務無法累積形成方向一致的高效行動，因此無法產生有鑑別度的成果，博得認同。未全面掌握局勢的情況下，如果貿然採取去中心化的作法來填補策略眞空，就會導致所謂的「高階領導者失職」，而越戰正是值得我們引以爲戒的歷史實例。

高階領導者職責

高階領導者需設定組織的發展進程、催化執行過程，並確立價值觀和理念，建構起道德系統。他們運用正規權威和柔性權力領導衆人，對內營造組織文化，對外經營組織形象。由於這些「上腦」主掌的功能攸關組織能否敏捷運作，高階領導者必須全心投入他們可以也應該完成的決策和事務。要是高階領導者未能善盡職責，原本只有他們能做的決策，就得下放給無相關權責的組織單位。於是，文化風氣自由延展，彼此競爭的價值觀和想法也逐漸侵蝕凝聚力和信任感，若執行主管又採取微觀管理，要部屬全力以赴、自動自發可說難上加難。

確立指揮官意圖並負起責任，是高階領導者的首要職責。只有高階領導者可以策畫行動多線同步進行，除了力求達成至高目標，也引導去中心化的戰術活動。只有他們可以決定組織需要的職能、設定適當的去中心化程度，並劃定自主空間，同時爲後續任務預做準備，在行動和指導中反映對「潛在情況」和「後續發展」的想像。

另外，根據當下的目標和情況，量身打造向心力強的高效團隊，也是高階領導者的重要任務之一。他們必須評估個人和團隊的能力、可靠度和求勝意志，迅速拿捏適當的信任和賦權程度。

只有高階領導者可以定義及清楚傳達組織的業務性質，持續重新評估及調整，以根據某些情況重新整頓營運面，同時帶領組織關照其他情況產生的新需求。首席風險官需身先士卒精進風險智慧，不斷尋求風險組合的平衡狀態。由於重大策略和組織決策會對長期績效產生顯著影響，最高階層承擔和管理風險的方式將能決定整個組織的思維和文化。[121]

在責任這麼多的情況下，高階領導者時常需要投注龐大心力扮演好這些角色，以致忽略了同樣重要的任務：確立並打造敏捷環境，促進團結、決斷力和有效的去中心化實務。這個環境的一個重要面向是組織的「眞北」（True North），亦即宗旨、願景、價值觀和行爲準則；另一個則是誠實、信賴、負責任等內部文化。後續各節會逐一深入說明。

高階領導者的職責核心，是要深入思考組織的價值觀和標準、說服衆人、仔細評估接受度和實行方式，最重要的是，要在每天的公務中以身作則。這些職責全都無法順其自然發展，不能任其荒廢，或是留待組織單位、內部的次文化或外部顧問來處理。此時領導溝通相當重要，如果領導者能在鼓舞士氣的簡短談話中展現提振生產力及凝聚人心的企圖，部屬會立即察覺。如果領導者的行爲或溝通內容給人不眞實的感覺，便難以取信於人，進而會影響全體對領導者的信賴、行事的積極程度和績效表現。套句歷史學家約翰．羅德哈莫（John Rhodehamel）的說法，再「高貴的言語」都必須「有血有肉」。[122]

領導者未能實踐其宣稱要遵行的組織「眞北」，對組織道德和文化的殺傷力其大無比，少有其他事件足以比擬。有家眾所皆知的投資公司就是血淋淋的眞實案例。這家公司的創立基礎，是主張左右市場的因子組成錯綜複雜，不斷導致市場運作效率不彰，但這些因子都能妥善利用。對照該公司後來的損失規模和性質，不難發現當時的主張與實際情況實在大相逕庭。

分析問題癥結時，我們原本預期會聽到財務和經濟面向的複雜說詞，像是市場出現典範轉移現象，或有破壞現狀的對手和產品加入競爭。沒想到，最後我們與董事會和員工的交談內容，反而聚焦於領導層面的問題。[123]

市場效率低落的問題後來被證實只是短暫的現象（信奉效率市場學說的人一點都不感到意外），但該公司的高階領導者未能及時調整觀點，提出可行的策略願景。爲了追求成長和投資報酬，該公司承擔了大量不甚熟悉的風險。下屬提出告誡，高層卻認爲其不夠忠誠而不屑一顧。另外，高階主管優先選擇犧牲其他利害關係者來成就自己的利益，不僅造成危害組織的深遠影響，更催生其他具破壞力的行爲。[124]

當然，這些主題（「眞北」的至高地位和高階領導者的責任）並非新的概念，早有許多專書著墨論述，例如約瑟夫．奈伊（Joseph Nye）的《領導力》（*The Powers to Lead*，中文名暫譯）和比爾．喬治（Bill George）的《眞北》（*True North*）。本章的重點在於探討這些作爲如何促進敏捷力，也就是領導力和文化在營造敏捷條件方面扮演什麼角色，最終才能發展出組織不可或缺的兩種特質：明確目的和決斷力。由此切入，我們發現心理學研究的見解極有助益，也吻合我們從親身經驗中得到的啓發。

其中一本令人印象深刻的著作是社會心理學家強納森・海德特（Jonathan Haidt）的《好人總是自以爲是》（*The Righteous Mind*），書中深入探討人類道德的起源和演進。與發展敏捷條件最爲相關之處，在於他認爲所有人類的內心都有一股「追尋意義的渴望」，設法「超越自我利益，讓自己（短暫著迷於）更宏大」、比個人利益更崇高的想像。[125]一般認爲，這種尋求共同目標的驅動力是人類成功的原因。

人類表達共同意向的能力，形塑了海德特所謂群體任務的「心理表徵」（mental representation），據信是這項特質推動了重要的演化大躍進。一旦任務的詮釋（亦即指揮官意圖）獲得群體接納而成爲共識，成員便會產生期望、責任心，而每個人也可以根據對共同目標的貢獻獲得獎勵。如此一來，早期的人類得以「合作、分工及發展共同規範」，進而在面臨生存困境時享有巨大的競爭優勢。成爲群體的一員而共同從事有意義的活動，能激發人們的參與感、合作精神和效忠的意願。

組織的「眞北」可以透過策略願景實踐程序來立定及清楚傳達。除了誠信、責任、可靠等普世價值之外，也包括對敏捷力尤其重要的標準，像是秉持原則實事求是、增進風險智慧、審慎冒險，以及培養下一代領導者。這些全都可以透過不容違背的教條、行爲指南和成功藍圖等形式，推行至整個組織，但更重要的是要轉化爲群體規範，形成環境風氣。

以此方法建構「眞北」，能啓動一種強而有力的機制，以利所有人能根據特定情況適度調整行爲，也就是組織理論學家詹姆士．馬其（James March）所提出的「適當性邏輯」（the logic of appropriateness）。馬其認爲，我們通常會根據三個基本問題的答案來決定行爲模式：這是什麼類型的情況？我是哪一種類型的人？這種類型的人遇到這種情況時會怎麼做？而這些問題的答案，全根基於我們對「眞相、合理、自然、正確、良善」的共同認知。[126]

美軍眞正體現了「眞北」的效力，尤其是將其定位爲角色義務時，成效更是顯著，令人懾服。約翰．斯科菲爾德（John Schofield）將軍曾在一八七九年指出，光靠正規的威權約束，無法促使自由國家的士兵在戰場上恪守紀律，這項觀察後來廣爲流傳，後世奉爲圭臬。[127]

灌輸本分、榮耀和愛國等價值，對成功與否至爲關鍵。長久下來，全體軍人（就算新進人員仍不熟悉，也未體會在實際應用上的意義）自然就會擁抱這些共同價值，上至將軍、下至二兵，都會不分職階共同遵行。再搭配陸軍戰士之誓（Solder's Creed，視任務爲第一優先，永不輕言放棄，絕不拋下任何倒下的同袍），便能收到相輔相成之效。

查爾斯在整個從軍生涯中，將尊重、指導，以及共享風險和結果，視爲軍隊的「眞北」。他不厭其煩地強調，年輕人執行困難任務時，整個指揮鏈（上至總司令）都必須予以啓發、支援和尊重（一般人可能無法想像，但他們承受著難熬的孤獨，在嚴苛的環境中誓言達成任務絕不妥協）。他親眼見證過許多深刻非凡的成果。

使人信服的策略和道德「眞北」，能觸發人類深層的抱負與情感，滿足人類追尋意義的渴望，並爲整個組織營造群體規範。這能產生**目的性**（purposefulness），不僅有利於制定策略計畫，還能引導許多去中心化的行動。當上級能清楚界定自主空間，獲得授權且目的明確的團隊成員便能自信從容地隨機應變、發揮創造力及聰明冒險，爲達成團隊的共同目標而努力，即使情況有所變動，或計畫礙於現實考量而瓦解，也不會影響其遂行任務。

事實論壇

想在充滿不確定因素、渾沌不明的環境中成功營運，組織環境必須支持及鼓勵成員有原則地追求事實。換個方式來說，若組織內部不容許熱絡的辯論風氣，成員無法秉持客觀證據持續交流，想發展敏捷力無異是緣木求魚。這種辯論行爲不能侷限在部門單位或特定的決策場合進行，像是高階主管團隊或董事會。自由交流想法必須成爲群體常規，推行於所有組織階層乃至最前線的基層，讓所有人隨時隨地都能分享個人看法。這一切都做到之後，整個組織就能成爲我們所謂的「事實論壇」（Forum of Truth）。

針對實事求是這一點，許多企業領導者和專家不約而同各自以不同說法加以體現。避險基金橋水聯合（Bridgewater Associates）創辦人雷・達里歐（Ray Dalio）信奉「徹底透明」理念。耶魯大學教授傑佛瑞・桑能菲爾德（Jeffrey Sonnenfeld）寫道，「允許公開反對的文化」是長期成功的必要條件。亞馬遜公司要求主管「尋求多元觀點，並設法證明其原來的信念有誤」。Salesforce.com的高階管理團隊規定報告內容必須「赤裸裸般誠實」，期能隨時揭露「原始、毫無造假的預警資訊」。[128]

歷史上，類似的思維並非付之闕如，傑出的領導者身邊時常伴隨著有主見的出色顧問。喬治・華盛頓（George Washington）就是以這般思維籌組戰爭委員會，而根據歷史學家克里斯多福・狄謬思（Christopher DeMuth）的說法，林肯、小羅斯福和雷根等歷任總統都曾採取類似作法。[129]我們想提供自身經驗的反思結果，以及從研究中推斷的結論，針對在組織中營造實事求是的風氣一事，說明組織可能面臨的挑戰、高階領導者應扮演的角色，以及這對敏捷的重要之處。

近幾十年來，行爲心理學家捨棄了曾經風行一時的古典經濟理論觀點，不再認爲人類是理性的經濟人，也就是說，人類並不傾向利用所有可得資訊發揮最大效益、以事實爲基礎做出決策，且能隨著發現新證據而快速調整理念。

當然，在本章簡短的篇幅中，我們不可能涵蓋所有情況，說明人類決策偏離理性的衆多可能。先前曾提到，人類的各種偏誤可能會損及狀態意識和策略權衡，在此基礎上，我們想進一步鎖定幾個根深柢固的行爲，說明這些行爲何以在組織依循原則追求事實時造成阻礙，並概述解套辦法。

第一種行爲是針對某個情況或問題建構看似有理卻漏洞百出的敘述，且過度執著不知變通。事實上，丹尼爾．康納曼在《快思慢想》（*Thinking Fast and Slow*）一書中，並非將「理性」形容爲一般人長久以來所認知的那種符合邏輯、最理想的思考狀態，而是人類的一種能力，一種建構連貫且合理的敘述的深層需求，而這時常需要犧牲事實。

對組織決策和敏捷特別不利的地方，在於這些不實的敘述愈是具體明確，人類愈可能認爲其敘述有所根據，甚至大有可能是事實。康納曼告誡，人們對敘述內容愈有信心（不管是關於眼前的情形，或是講述未來將如何發展），我們愈該保持懷疑態度，因爲「宣稱有高度信心的另一面，即表示有人刻意建構」連貫的敘述，但敘述內容「不一定符合事實」。[130]

人類這種力求建構「眞實」敘述的內在需求，伴隨著確認偏誤（confirmation bias），會促使我們無視能證實敘述有誤的證據，或爲敘述辯解。確認偏誤的力量非常強大，不僅導致本應推翻原想法的新資訊無法發揮應有功效，反倒更加深錯誤的執念。認知神經科學家塔莉．沙羅特（Tali Sharot）透過實驗觀測大腦活動，研究結果顯示，大腦會將我們同意的資訊視爲「獎勵刺激」（rewarding stimuli，例如美食），對於不樂見的資訊則視爲「嫌惡刺激」（aversive stimuli，例如電擊）。[131]無論是企業界還是其他領域，我們已見過太多此現象造成的災難。

幾年前，有家頂尖金融公司的價值投資業務發生嚴重虧損。價值投資需要很強大的信念，因爲這項業務的目的是要發覺投資人認爲被市場低估的資產。如果投資組合經理早已看上某資產，當該資產的價格下跌時，吸引力自然會大幅提升。就這個客戶來說，公司內部的分析看似面面俱到，而且相關人員多次針對這一點提出有利的論述，但始終完全無視反方證據。他們刻意突顯支持投資的資料，但對後續不利的發展則避重就輕。隨著資產價格持續下滑，投資組合經理又加碼買入好幾次，直到最後虧損過多，公司不得不認賠拋售，爲虧損止血。

事後檢討時，一位高階主管告訴我們，公司還沒發展到這麼大規模的時候，根本無法想像會發生這種問題。那時，一旦價格大幅下跌，公司就會啓動增進風險智慧的機制。高階主管和外部資源代表會召開正式會議，嚴謹商討對策，過程中，他們會特別突顯反方意見，並仔細評估。然而，隨著公司規模巨幅成長，這個把關程序已不復見。高階主管公事繁雜，而自主空間的界線也變得模糊。重要決策未經嚴謹商討就能輕率決定，只要支持的論點連貫一致，輔以詳盡的相關文件，就能順利通過檢驗。

促進實事求是的風氣

組織想成爲「事實論壇」，必須先爲辯論和異議賦予正當形象，並讓客觀道理的地位超越威權。上級必須完整且清楚有力地傳達意念，期許全體人員能自由交流想法，秉持耐心及尊重深思熟慮，並相互學習和積極探索，將此理念貫徹執行到基層。這包括指示全體人員將無心之過視爲學習和改進的機會，切勿藉機羞辱或訓誡。內部文化必須引導衆人理解，「普世眞理」和「客觀事實」是難以捉摸的理想化概念，此外也需強調，由於目標、經驗和風險方程式不盡相同，對於我們本身、同事、對手，乃至競爭生態系中的其他個體，同樣的資訊可能代表著截然不同的意義。[132]

唯有高階領導者以身作則、將相關價值觀定調爲「眞北」予以遵從，並透過程序、績效指標和實質鼓勵加以制度化，這些風氣才能眞正落實於整個組織。如果高階領導者壓制不同的聲音，或將不同意見視爲不忠誠的表現；如果他們懲罰勇於說出壞消息的吹哨者；如果他們刻意忽視、推卸職責或推托不知情而藉故不作爲，都會減損組織的狀態意識和決策品質，最終無法實現敏捷特質。

行文至此，我們已探討許多眞實案例，從韓戰、日本福島核災到明富環球公司都有一個共通點，那就是忽視警訊及誤判風險方程式，背後真正的原因是刻意壓制或下意識排除能證明現行措施有誤的證據。

同樣地，挑戰者號和哥倫比亞號太空梭發生悲劇，追根究柢，主要原因並非能力不足，而是風險管理失靈。以前的NASA文化排斥有人提出疑慮，而將證明的責任直接加諸在提出異議的人身上，這種作法起了很重要的作用，以至於整個組織形成抵制不同意見的風氣。[133]發生這些事故後，NASA改變了作法：一旦出現疑慮或警示，所有人都必須嚴肅看待，指派團隊加以分析，進而提出建議。[134]經過這樣的改變，該機構在風險智慧、決策品質和組織向心力等方面均有所提升。

即使組織宣布事實至上，並公開表示願意聽取任何難以入耳的意見，進而建立檢討決策的調查程序，員工時常還是不願意表達意見和反面論述，甚或提出問題，協助促成重要的額外調查。部分原因在於，每個人都很熟悉以公開和隱晦的方式懲罰異議者的階層結構管理。

另一個我們不願輕易吐露內心的想法，積極做出貢獻的原因，是我們對其他同事的反應有所顧慮，如達爾文所說的在意他人的「讚賞和責難」，至今仍是根深柢固的內在焦慮。[135]這種對名譽受損的恐懼是團體迷思（groupthink）的核心，對此，我們都已見過太多案例。例如，即使計畫或分析顯然無效或與事實不符，但身邊的同事依然會不約而同地深表贊同（雖然我們懷疑他們大多心知肚明）。

因此，高階領導者應該將實事求是定調爲工作要求，使其成爲群體規範，促使所有人積極響應，其重要性不言可喻。

各種行爲偏誤、領導作風和組織文化錯綜複雜，相互作用後造就了棘手的挑戰，然而，還有另一股強大的力量會使情況雪上加霜，我們勢必得主動處理。心理學領域中有所謂的人類的「情境依賴」（context dependency），舉凡我們接觸資訊及呈現資訊的方式，以及決策時所處情境的其他衆多因素，它們所構成的各種特定情況，都會對思考的過程和結果造成巨大的影響。[136]誠如以下案例顯示，組織必須謹慎評估**選擇架構**（choice architecture，以適當方式呈現資訊和可能的解決方案，以利討論），尤其是在做重要的策略和組織決策時，更應如此。

幾年前，網路產業的威訊公司（Verizon）和斯普林特公司（Sprint）開始設法降低成本時，便嘗試使用不同的選擇架構。前者要求各業務部門依照前幾年的預算提出減編計畫；相反地，後者的單位主管則依據各項開支能帶來的好處，以及開銷在推進公司策略方面所扮演的角色，從一張白紙開始規畫預算。[137]就我們的經驗來說，這些截然不同的作法通常會造成迥異的結果。

接續稍早之前所述，複雜的龐大組織通常暴露於大量的風險之中。除非組織能妥善彙整這些風險，否則董事會和領導團隊最終就得根據龐雜且迥異的細項，判斷公司的風險偏好，費心釐清風險偏好是否與目標和資源相互對應。我們從許多情況中都發現了一種現象：組織匡列風險的順序，以及說明弱點、結果和罕見事件的方式不同，得出的結論很可能會天差地遠。如果基於良善的出發點，將原本「高到無法接受」的風險組合重新彙整或以不同方式編排呈現，在下一次董事會時提報，或許董事就會覺得完全可以接受。

組織要有能力發揮事實論壇的功能，當組織的實務環境充斥著強而有力的熱門敘述，但內容不一定正確時，這項能力尤其重要。曾獲諾貝爾獎肯定的經濟學家羅伯特·席勒指出，許多經濟和金融現象（例如經濟蕭條、資產泡沫或金融危機）之所以發生，都與惡質的「想法傳播」有關，這些訊息是由少數幾個人刻意散播，經過其他不知情的人不慎引用而一發不可收拾。[138]席勒的說法指出，這種敘述主要根據「程度不一的事實」，「揉合事實和情緒而成」，可能產生駭人的毀滅力量，組織務必及時察覺並主動揭穿。

理查．克拉克和艾迪在著作《Warnings!》中指出，美國情報界曾經廣泛相信一種說法，認為「以前阿拉伯國家之間未曾開戰，因此未來也不會」。正是因為這種假設，美國與其中東盟友才無法在伊拉克於一九九〇年入侵科威特之前有效評估警訊。同樣地，經濟大衰退前夕，「美國房價從來不會同時下跌」的主流敘述，導致社會過度依賴地理分散的特質來緩解風險。這種說法為部分有心人所利用，而其他人又未適度質疑，致使投資產品、企業實務和信用評定等領域廣泛採用，最後啓動了致命的惡性循環。

如果建立起彼此互信的環境，全員齊心增進風險智慧，同時又講求證據、商議和誠信，組織就能持續往敏捷的境界邁進。如此一來，組織能仔細檢視不同觀點的證據、尋找不合時宜的假設和未爆彈，並對自己知道與未知的事務提出質疑。這些舉措可協助組織發展狀態意識、有效評估環境變化和風險方程式，做出效果卓絕的回應。

最後一點，有鑑於近年來業界實事求是的標準每況愈下，組織更應穩定扮演事實論壇的角色，刻不容緩。實事求是的道德要求看似基本常理，但在社會上反而遭受抨擊。[139] 組織外的風氣勢必遲早滲入組織，但只要立定事實至上的原則，並在實務中嚴格實行，就能抵禦這股歪風。

敏捷條件

戰場上（假設是商場、政府機關或眞正的戰爭現場），「信任」是在艱困逆境中反敗爲勝及堅持不懈的先決條件，不容妥協。信任能抑制自私行爲，像黏合劑般凝聚全體人員，使彼此相互尊重、分工合作、互助互惠。如同達爾文在《人類源流》（*The Descent of Man*）一書中寫道，「自私與備受爭議的人，無法與他人站在一起，而團體一旦失去凝聚力，便將一事無成。」[140] 信任文化是敏捷特質的重要基石之一。

我們發現，將信任視爲各種風險交易所產生的結果，是一種滿有效的作法。第一種交易是根據對某人的能力、可信度和可靠度，將資產或任務託付給他/她。由於受託者會珍惜託付者對其能力和人格的信賴，因此願意積極滿足對方的期待。現在我們已經清楚掌握此過程背後的生物機制。神經科學研究指出，明顯感受到他人的信任後，受託者的大腦會大量分泌催產素（oxytocin），這是一種有助於發展人際關係的荷爾蒙。如果承受風險的一方能確認受託者符合期待，他/她的大腦也會產生類似的化學作用，因而啓動鞏固信任感的良性循環。不過，信任感固有的脆弱性也是很重要的特質，不得不察。花費多年建立而成的關係，可能因為一次欺騙或背叛而分崩離析。[141]

在組織文化中融入賦權與當責機制，即可奠定深厚的信任基礎。當然，組織務必清楚強調，所有人都必須了解自己需對行動結果負責，並賦予此原則重要地位，對於領導的建議則大多著重於外在責任。組織內的每個人都需對任務或資產負責。透明化和控管機制可確保工作成果據實呈報，並有利於對照期許詳加評估。假如這一切都能立基於清晰明確的期許之上，[142]所有人能收到立即的意見回饋，了解自己是否達成組織的期待，並善用獎賞鼓勵適當行為，最終將能促進當責的風氣。以這種方式激勵組織成員已被證明有效。

不過，當責的內在面向也同等重要。我們發現，人們很樂意接受當責的觀念，但如果當責變成生硬的規定，讓人感覺受到威脅，通常就無法獲得太多正面觀感。大部分人都有強烈的內在動力，渴望當個值得倚賴的人，因為這是在團體中受尊重及接納的必要條件，無論在團隊、朋友圈還是家族中，都是如此。可以這麼說，我們對歸屬感的內在渴望，創造了強而有力的自發性動機，促使我們當個負責任的人。從這個角度來看，當責或許具備正面意義，而且啓發人心：這讓我們在履行義務及對失敗負起責任時，內心能夠強烈感到自豪。

隨著「眞北」、實事求是，以及敏捷的其他必備條件一一變成群體規範後，當責的互惠特質（領導者與部屬之間，以及團隊成員之間）就會催化出使命感，促使所有人自覺必須克盡本分。

在敏捷的所有面向中，信任都是不可或缺的元素。一旦組織偵測到令人煩惱的環境訊號，信任能給予團隊成員承受壞消息的信心。當衆人針對這些意義時常渾沌不明的訊號爭辯不休，或是斟酌如何回應變化及評估不同方案時，共事的同仁會願意質疑假設，表達不同的看法。而在去中心化實務上，信任是促進聰明冒險和臨場應變的推力，使所有人能在紀律的基礎上，大膽無畏地朝明確目標邁進。這就是爲什麼信任不僅是任務式指揮的中心教條，更是發展行動風氣的關鍵。

不過，賦權、當責和信任在促進敏捷的過程中，扮演更多角色。請試著想像以下組織環境。員工深知，每個人保持警覺是偵測及評估環境變化時不可或缺的一環，如此領導者才能密切配合目標和風險，嚴謹斟酌策略。他們知道，領導階層很樂見員工依據客觀證據就事論事，而員工的誠實和貢獻，將能協助組織進一步發覺組織內潛藏的弱點，全面評估風險可能造成的正面和負面結果。

這些都是敏捷的先決條件，因爲這樣的工作環境能產生康納曼所謂的「**特殊參與感**」（special kind of engagement），以及海德特所說的「**探索型思維**」（exploratory thinking）。康納曼寫道，當人們獲得授權並產生這種參與感，會變得「更警覺、機警、更懷疑直覺，且較不願意滿足於表面上看似迷人的答案」。[143] 這樣一來，員工就不會衝動行事，而是更懂得依證據判斷，也會學著辨識哪些情況需要深入調查及呈報。海德特補充，探索型思維可促使人們更願意根據證據調整原本的認知。一旦人們了解自己必須爲行動結果和決策過程的品質負責，或相信共事的同仁能掌握充分資訊，而且會追究資訊準確與否，這種思維就會成爲主流。[144]

大量心理學研究皆已強調與敏捷相關的其他好處。獲授權的當責員工，感覺自己擁有生活的主導權，而這正是人類幾個主要的欲望之一。有了這股欲望，他們更能全力追求共同的目標，更能抽象思考、整合資訊，以及挖掘資料中的規律和關係。他們更願意承受風險，自動自發，且更能集中心力把握機會，而非只是化解威脅。

獨特領導力品牌

展現獨特領導力的領導者會持續不懈地克盡高階領導者的職責。他們能提出可行且令人信服的策略願景，確立組織的努力目標，以及協助組織持續符合時宜。他們能帶來信心，共同分擔風險和結果的賭注，並在威脅或機會出現時當機立斷採取行動。他們能籌組能力卓越的團隊，賦予其必要的技能和權限，允許成員大膽無畏地積極自主，揮灑創造力。

這種領導者會定義及持續經

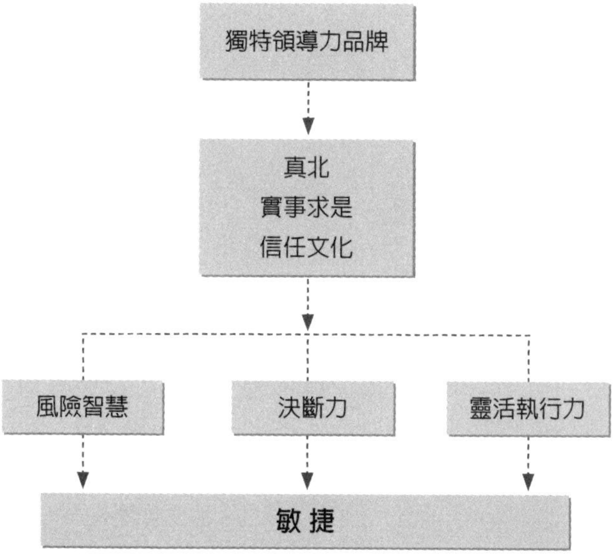

敏捷條件

營當責和信任文化，將此視為己任並清楚溝通。他們會不斷親身示範，想要有紀律地追求事實，必得先願意接受新證據，適度調整認知。他們會竭盡所能，培養下一個世代的領導者。如此一來，他們便能鞏固敏捷的重要支柱和程序，打造有利於敏捷特質的環境。

「獨特領導力品牌」能有效奠定海德特書中所述的核心道德基礎，因而建立有利於發展敏捷特質的長久文化。[145]一旦領導者的行動與其公開承認的理念和目標一致，在部屬的眼中，他／她所展現的權威就有正當性，反之則無法得人心。

重要的是，這個道理不僅適用於個人領導者，位居掌權地位的機構也同樣適用。美國證券交易委員會（SEC）就是一個很好的例子。二〇一七年，該機構揭露其儲存的企業收入和政策等非公開資料的電子系統，曾在前一年遭駭客侵入，而且駭客更利用這些內幕資訊成功謀取利益。此消息一出，委員會的權威形象便嚴重受挫。美國證券交易委員會不僅未盡速對外說明這起資料外洩事件（該委員會嚴格規定其管理的公司必須這麼做），委員會職員更在經過好幾個月後，才向長官報告這起意外。[146]

如果領導者能努力不懈地真誠經營與部屬的關係、真心關懷及展現同理心、給予指導與啓發，就是在奠定道德的其他核心根基：自由與忠誠。只要部屬沒有被高壓權力剝削或壓迫的感覺，而且深信主管真心重視他們的福祉、尊重他們的貢獻，並樂意協助他們充分發揮潛能，信任、合作和可靠等精神就能在組織中全面扎根。[147] 自始至終，領導者的個人特質（爲人是否誠懇謙遜、如何待人及面對逆境、願不願意爲了共同理想而犧牲）都扮演著關鍵角色。

某客戶的公司面臨危急生存的不確定因素時，全公司上下的員工依然滿懷鬥志、全心投入，令人相當激賞。這家公司在全球經濟和市場中均占有一席之地，這個事實團結了整個組織，鼓舞所有人爲了共同理念而持續奮鬥。這種明確目的是凝聚該公司的重要因素，同樣地，領導者堅持投資員工的精神，也發揮了作用。由於該公司無法保證任何期間的薪資報酬，或甚至能否持續雇用員工，因此設立各種專業進修課程，讓員工不管是在個人成長還是專業能力上，都能更樂在其中，更有成就感。員工認爲，他們每天都在增進知識和經驗，累積未來的職場實力。後來，員工不僅繳出亮眼的績效，留任率也相當高。

反之，如果高階主管蓄意破壞信任感、拒絕肩負責任，甚或實行交易型領導（transactional management）或加諸恐懼，長期下來，探索型思維、凝聚力和敏捷特質，都會受到嚴重傷害。羅斯．強生（F. Ross Johnson）就是眾所皆知的貼切案例，

《門口的野蠻人》（*Barbarians at the Gate*）一書鮮活地描繪了美國企業雷諾茲－納貝斯克（RJR Nabisco）這位執行長的形象。羅斯・強生曾不諱言地吹噓自己如何出其不意地買賣事業及改變組織結構，並刻意隱瞞消息，讓員工措手不及。

另一個例子是某家知名跨國公司推行不健康的企業文化，最終證明此文化不利於發展敏捷特質。在該公司創立之初，高階領導者便精心設計程序和制度，藉以減少公司對特定人員的依賴，且毫不掩飾地表明，這麼做的目的是要讓組織能輕易替換大多數員工。許多年來，這家公司有技巧地執行業務及善用市場機會，始終堅持這項經營哲學。

若是從財務表現、成長和聲望等指標來評判，這家公司的確是成功典範。然而，高壓和猜忌的內部文化顯現出公司的另一個重要面向：需要原創想法、獨創性和專業人才的產品和服務，大多以失敗收場。至今，公司「繁榮發展」的業務仍僅限於商品化活動，由工作態度鬆散、隨時可汰換的員工負責執行。

領導力與文化個案研究

前一章中，我們仔細檢視了頂尖美國消防隊的敏捷表現，說明他們長久的卓越成就並非只是來自迅捷思考和天生的反應能力。這些消防員時時保持敏銳的狀態意識，透過多面向的風險智慧審愼決策。發生緊急事故時，他們即時建構起臨時的階層組織，由獲授權的團隊有效執行策略和規畫，展現即刻行動的本能。本節將會說明，領導力、文化和實事求是的精神，對於消防員的整備程度、決斷力和敏捷特質均扮演著同樣重要的角色。

一般人或許會認爲，消防行動的養成需仰賴大量正規教育和訓練。然而，取得消防學院學歷並持續進修，只是開端。消防人員需要在消防局長的嚴格監督下每天接受訓練，這已內化爲文化思維的一部分，成爲卓越標準。訓練內容包含研究轄區弱點，以及針對高風險地點預先研擬救援計畫。消防隊會定期到火場模擬站接受訓練，在此精進救援技術之餘，也討論策略和應變計畫。一般認爲，這樣的訓練和規畫（類似軍事作戰），對培養消防技術及奠定精益求精的思維不可或缺。有了這樣的基礎，也能進一步催生積極主動的預防和防護策略。[148]

跟衆產業和職業的最佳實務相同，一旦緊急事件平息或訓練結束，消防員就會回到消防局聽取報告及檢討行動。從各方面來說，不管是要持續精進，還是建立關係和信任，這種「閉門會議」都極具價值。無論團隊是在休息、準備餐點或檢查裝備，都能像平常聊天一樣分享成功任務、英勇事蹟、遭遇的困難、犯下的過錯，以及造成的損失。更重要的是，這麼做的目的永遠都是放眼未來，預先設想如何更妥善地因應意外、在生死交關的狀況下保持冷靜、堅定自信和相信團隊，而且絕不拋下任何一個消防弟兄。

當然，消防指揮官需盡其所能確保所有消防人員都具備充足的技術和經驗，足以應付任何緊急事件。有趣的是，某些編制較大的消防局另有轉調制度與此平衡，長期以來，這些消防局均開放消防員在服勤多年後，申請轉調到其他分局。長官可以力勸同仁留下，或鼓勵其他消防員加入團隊，但不能以命令強制執行。於是，在準軍事組織中，消防局成了少數允許基層人員**選擇**領導者的範例。[149]

事實上，雖然許多申請轉調的案例都是出於個人情況所需，但有很大一部分是與領導者的特質和名聲有關。一有能力卓絕、擅長帶人的局長走馬上任，時常會吸引許多人才自願轉調到他/她的單位，使得轉調申請數量激增。不過，相反的情況也很常見。如果領導者無法獲得部屬尊敬，或消防員無法認同其理念或作風，該單位就很難留住人才，遑論要團結一致，全力以赴。

這麼多個世代以來，消防員的集體認同已然成形，而且不斷強化。一般普遍認為，貨眞價實的消防員勇氣過人，全心奉獻，值得倚靠。意思是：消防員會吸取前輩的豐富經驗，不斷改進，而且盡力遵循實際測試過的實務作法，冒著生命危險完成任務。矛盾的是，如此效忠傳統的形象有時會是兩面刃，反而讓人抗拒改變。

雖然消防員為了卓越而努力及持續改進的決心堅定不移，但有時這也代表「依循長久以來一向能成功的方法做事，但要做得更好」。因此，當新的科學發現或技術進展帶來提升效力或安全的機會，消防界的領導者時常需要努力教育及啓發部屬，並清楚說明好處，讓大家能普遍接受，才能消除反抗的心理。[150]

❖ ❖ ❖

決斷力是敏捷的支柱之一，這項能力促使組織在機會和挑戰浮現時，及時而審慎地採取因應行動。面對不確定性、衝突迷霧、對失敗的恐懼和不信任，所造成的不作爲和行動癱瘓，決斷力可說是一帖強效解藥。敏捷並非隨意採取行動，而是要在增進風險智慧，且以證據爲基礎展開調查和交換意見後，才愼重地付諸行動。

深思熟慮是衝動、倉促或意外的反面，暗示著行動要有明確的目標、意向和信心爲基礎。愼重的決策和行動，旨在以明確的設計和配置來推進組織的策略和優先任務，是整備和規畫行爲所產生的結果，當正確的時機到來，就要公正且有系統地執行。這種決策和行動奠基於仔細思量的風險交易，亦即信任你交派任務的團隊能夠上下齊心、鬥志高昂、實力堅強，能依循共同的「眞北」團結一致。

因此，決斷力是敏捷條件與以下各元素相互結合後產生的結果：所有人都清楚了解的指揮官意圖；明確劃定的自主空間；誠實、授權和信任文化。而這一切，都有賴特殊領導力品牌才能夠建立及不斷發展。

如前文所述，決斷力是實現策略性敏捷和戰術性敏捷的關鍵。這能帶動整個組織的應變速度，偵測及評估主要趨勢和環境變化，據以動態調整策略願景、商業模式、人力資本和行動計畫。同等重要的是，這能促使組織積極執行策略，藉助現場知識和即刻行動的本能，帶動即時決策和實際行動。因此，戰術性敏捷能協助獲授權的團隊和員工因應挑戰而不斷自我調整，在清楚定義的自主空間內，聰明冒險、把握機會，臨機應變、大膽創新。請注意，我們說明策略性敏捷和戰術性敏捷時使用的說法，均是參考史蒂芬·柯維（Stephen M. R. Covey）的著作，他認爲，所有組織行動的速度和效力，都是信任力量的體現。[151]

一旦敏捷組織偵測並評估了環境變化、在實事求是的環境中擬定了策略，並做好決斷採取行動的準備，那麼，組織對事先備妥之各種工具和能力的精通程度，將會決定最終的執行效果。下一章接續探討敏捷的第三根支柱：靈活執行力。

Chapter 10

靈活執行力

Execution Dexterity

富蘭克林．羅斯福（Franklin D. Roosevelt，一般稱小羅斯福）總統在一九四〇年發表的全國演說中，將美國稱爲「民主兵工廠」（arsenal of democracy），勾勒出他對美國在第二次世界大戰中所應扮演角色的願景。[152]他警告，美國文明正面臨空前危機。美國不能袖手旁觀，也不可以對軸心國採取綏靖政策。若要保衛美國、捍衛原有的生活方式，就得「在戰爭經濟的基礎上，站穩軍事強權的地位」。

對此，他認爲美國必須善用「工業人才」、技術優勢，以及大量的財務和人力資源，協助汽車、除草機、裁縫機和農業設備的廠商，轉型成「引信、炸彈木箱、望遠鏡腳架、砲彈、手槍和坦克」的製造商。當時國家動員的成效顯著，美國得以擴張工業產能、成立兩洋艦隊、打造龐大的戰略轟炸戰隊，並爲同盟國供應重要的武器、原料和軍事裝備。

三年後，當局勢發展到美軍必須參戰一途，喬治．馬歇爾（George Marshall）將軍運用敏銳的策略權衡能力，斟酌目標和風險，大膽提出「九十步兵師賭注」。馬歇爾將美軍的地面作戰兵力限制在九十個師，而非原本規畫的兩百個師，算是相當重大的決定。他對美軍的作戰能力有信心，但同時也認爲，派遣大量兵力同赴戰場會爲國家經濟帶來風險，而且會嚴重介入同盟國軍隊的組織，並影響國家動用資源的效率和競爭優勢。

以本書的說法重新詮釋的話，馬歇爾精明地評估了國家的風險偏好，以及非軍事手段在戰爭中所具備的策略價值，才決定要使用哪些軍事手段。美國陸軍軍事史中心的歷史總長墨瑞斯．馬特洛夫（Maurice Matloff）寫道：「馬歇爾將軍在第二次世界大戰中審慎衡量而決定承受的所有風險中，這是最大膽的決定。」[153]

馬歇爾和羅斯福總統都知道，美國能動用的商業手段具有極大的競爭優勢。原本就很強大的美國工業經過重新調整，改以支援作戰需求為主業，當時直接供應戰爭需求的工業產能高達全國三分之一。[154]這並非透過政府命令或撥款來執行，而是議定有利於產業界的商業合作條款，透過簽署合約產軍合作。

誠如歷史學家桃莉絲．基恩斯．古德溫（Doris Kearns Goodwin）所寫：「若沒有產業界攜手合作，不可能產生如此龐大的產能，所以挑戰在於如何將擁有國家重要經濟資產的企業主引入國防領域，賦予其主動參與的角色。」[155]在這個過程中，羅斯福總統集結多位美國頂尖企業高層，由他們輔助政府規畫及監督戰爭物資的生產作業，等同於替政府機關導入民間企業的力量。

美國政府在部署財務資源時，也充分展現了足智多謀的手段。

復興金融公司（Reconstruction Finance Corporation, RFC）成立於經濟大蕭條時期，旨在爲金融機構提供救急基金，以及爲各州和市政府提供貸款，協助其推動基礎建設，不過後來又新增多項職責，能動用的資金也大幅增加。衆多職務的其中一項，就是負責管理八家公司的成立與經營工作，這些企業專門製造戰爭所需的物資，包括發展合成橡膠。

復興金融公司提供資金支應業界興建工廠和擴大規模，也補助既有企業，除了支援其生產必要的工業材料之外，也發揮管制價格的作用。同時，復興金融公司也推行金屬廢料重新利用計畫，並策略性地從海外採購原料，以免原料落入敵國手中。[156]

古德溫統整出當時美國政府動用的所有手段，並強調運用這些手段的靈活度：「戰時經濟的各個面向彼此相互配合。政府結合稅收和公債，提供戰爭所需的資金，不過，富蘭克林・羅斯福同時控管聯邦準備體系，保證利率維持在低檔。薪水和價格管控及配給制，則確保充分就業和缺工現象不至於引發通貨膨脹或囤積物資等副作用。公共投資提供工廠需要的資金。勞資雙方達成協議，保證不發生破壞團結的罷工活動。這些都是符合時宜的措施。」[157]上述策略大獲成功，不僅達成美國在第二次世界大戰的目標，也賦予美國在接下來幾十年間的經濟和軍事優勢。

時至今日，「民主兵工廠」政策背後的抉擇和讓步，仍然有其意義，廣泛接受的「美國處境」及社會的風險偏好，仍與其遙相呼應。在重大的軍事衝突中（國內普遍認爲利益直接受到威脅），美國仍願意讓美國人民的生命暴露於風險之中。然而，要是非直接影響的衝突或聯合國的維和任務，美國則傾向選擇供應武器、參與有限的軍事行動，以及提供財務、訓練、情報等方面的支援，以這些形式表達支持。

每當國內不時出現呼聲，提議刪減海外援助預算，或將資源從國務院、美國國際開發署或維和部隊所支持的計畫撤離，政府一再面臨應選擇採取哪些手段的困難抉擇，以持續追求地緣政治和國家安全等目標。在這些情況下，美軍和政府領導者大多會堅定指稱，美國能從外交、軟實力和海外經濟發展等方面著手，否則就得製造更多彈藥，把穿著軍服的百姓送上戰場。[158]

敏捷手段的六大性質

前文曾提到，當組織懂得熟練地動態運用所有能力和工具，在規畫、承受風險和實施策略等方面游刃有餘地應用，就可稱得上是擁有靈活執行力。爲了賦予此概念一個正式的樣貌，我們把靈活執行力定義如下：

組織能夠有效利用所有控制手段，執行策略及回應環境變化的能力。

要有靈活執行力之前，需先培養幾項重要能力。組織必須認明能恣意運用的所有手段，並將各種手段發展到充足的水準和素質。組織必須熟練每種手段的使用方法。組織必須發展（根據眼前的特定情況）全面運用手段的能力，了解不同手段之間應如何組合應用，才能達成目標。組織藉由增進風險智慧和縝密規畫，同時必須評估未來對手段的可能需求及使用方式，以便能預先發展，超前部署。

手段可分爲六種性質，分別是政府、商業、風險、組織、溝通和實體。

「政府」手段涵蓋可影響政治環境、經濟和社會政策，以及戰事的各種工具與能力，包括財政和貨幣政策、法規、經濟制裁、軍事行動和政權更迭。

「商業」手段橫跨金融交易（投資、避險和保險）、法人行爲（併購、分拆、發放股利）、產品和服務，以及資源分配（資本、人才和頻寬）。這類手段也包括研發、定價、垂直整合、交叉銷售與商業模式轉型。

「風險」手段旨在主動管理組織的風險組合，包括風險偏好、風險預算（針對各業務線、計畫或風險類型分配風險），以及調整風險方程式的各種機制。若組織能不斷配合目標、風險和能力，妥善運用這些手段，才算擁有靈活執行力。太多組織未能完整掌控風險手段，或更具體來說，無法充分運用風險手段，這不僅發生在商業和組織決策，即便是具有強大競爭優勢的企業也有這個問題。

「組織」手段含括程序、文化、獎勵、組織設計，以及管理人力資本（例如人才招募、培訓，乃至於培養下一代領導

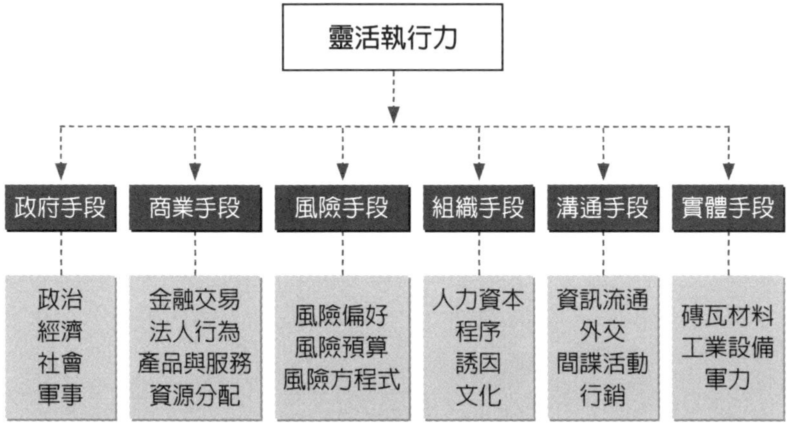

敏捷手段

者）的諸多工具。舉凡調整去中心化的程度、營造信任與實事求是的內部文化，以及發展特殊領導力品牌，都是本書曾介紹的組織手段。

「溝通」手段包括內部的資訊流通、策略傳遞、行銷和品牌打造。在國際事務、國家情報和軍事領域中，溝通手段則包括外交、政治宣傳、資訊蒐集和假資訊澄清。

「實體」手段包含基礎建設和設備，像是資訊技術、製造設備、運輸能力、分析系統。

若想達成複雜的策略、財務或營運目標，勢必得像以下的案例一樣同時運用多種手段。

高盛集團能化危機爲轉機，成功度過二〇〇八年至二〇〇九年的金融危機，重要關鍵在於熟練地調度風險手段。由於這家公司一向採取「行動者」營運模式，上下腦皆積極運作及參與，因此比同業更早察覺及評估美國房市的隱憂。基層一偵測到令人不安的環境訊號，便隨即向上呈報。領導團隊因而能馬上依據公司風險組合的相關詳細資訊，發揮策略權衡的能力，擬定全盤的應變計畫。重要的判斷行爲是這一切的根基，也就是抱持危機將會大規模延燒的預期心理，抑制公司的整體風險偏好，並減少接觸特定的風險類型。

風險手段能透過幾種金融策略來呈現。早在二〇〇六年十二月，高盛集團就開始出售抵押貸款和證券，購買預防信用損失的保險。[159]隨著危機愈演愈烈，高盛接連動用其他多種商業手段。他們縮減資產負債表的規模。資產方面，他們減少持有房地產和非流動性資產，增加手上的現金；負債方面，他們縮減短期借貸和抵押借款，同時相對擴大銀行儲蓄和長期借款的規模。

此外，高盛集團還留住波克夏海瑟威公司（Berkshire Hathaway）高達五十億美元的投資，以實際的作爲安撫投資人，大幅提升市場對該公司營運的信心，這不僅減少風險，也兼具溝通手段的功用。

前幾章曾說明，賦權文化和清楚界定的自主空間，有助於組織放手讓員工獨立決策及大膽自主。就靈活執行力而言，組織若要高度實行去中心化實務模式，必須搭配商業、溝通和風險手段，彼此的關係密不可分。事實上，要信任部屬可獨立做出符合道德標準與指揮官意圖的有效決策，同時也願意包容難免會有的錯誤和挫折，領導者必須先提高自己的風險偏好。唯有妥善教育較低階層的指揮人員，將其培訓及培養成能獨當一面的領導者，組織才有可能有效落實去中心化，因此，組織必定得願意投入大量的時間和資源（並運用商業手段）才行。

一九七二年秋天，美國和北越的和平會談不歡而散，證明外交和公關手段（溝通手段）的成效不如預期。美方爲了迫使對方重回談判桌，理查．尼克森（Richard Nixon）總統和亨利．季辛吉（Henry Kissinger）轉而從多方面施壓，但這需要連帶提高風險偏好。

「第二次後衛行動」（Operation Linebacker II）即爲其中一項具體作爲。這項軍事行動在短期內鎖定特定標的大肆轟炸，旨在明確摧毀原本未鎖定的工業和軍事建設，並透過布雷的方式封鎖國際港埠。這起對北越的空襲行動極其猛烈，攻擊強度是第二次世界大戰後前所未見。

在謹慎規畫下，美方動用了確切的軍事（實體）手段，亦即調派大量美軍B-52轟炸機大規模轟炸，以此提供獨一無二的能力和競爭優勢，終而達成所設定的目標。這項行動促成「巴黎和平協議」（Paris Peace Accords），終止了這場戰役。

措施務求全面完整

一直到幾年前，富國銀行始終位居全球最有價值的金融品牌。[160]富國銀行屬於「典型」的本土銀行，一般認為，該公司謹慎實踐其「滿足客户金融需求，協助客户獲致成功」的願景，並持續付諸實行。富國銀行對於以客戶至上的商業理念和獨有的企業文化，一向引以為傲。該公司刻意與某些高風險產品保持距離，也未跟進華爾街和其他幾家商業銀行，實施冒險策略而深陷泥淖，相當明智。

這些年來，富國銀行透過各種方式把握發展機會，帶動業務成長及績效，值得效法。雷曼兄弟事件爆發後，美聯銀行亟需紓困，當時，富國銀行面臨花旗集團出價競爭之際仍嚴守原則，再三確認收購美聯銀行是否有助於推進業務目標，達成營收門檻。[161]隨著美聯銀行各分行展開整併和品牌重塑作業，富國銀行也提高了風險偏好，以具體措施吸納競爭對手釋出的房貸市場。

就算環境沒有劇烈變動，富國銀行一樣奉行類似的準則，如同其把握機會併購美聯銀行一樣，不錯失任何可能的機會。舉例來說，富國銀行長期實施動態的資產/債務管理程序，目的就是爲了適時押寶利率，以及善用短期的套匯機會，過程中，他們始終嚴格監控風險限額，從不鬆懈。

然而，從二〇〇〇年初開始，富國銀行開始逐漸仰賴特定的單一商業手段，也就是向客戶交叉銷售多種金融商品。該銀行和外部觀察機構的調查結果顯示，這項策略會是該銀行成功的重要助力。雖然向每位客戶推銷六樣商品的績效已夠令人驚豔，但富國銀行更進一步推出朗朗上口的「八個剛剛好」（Eight is Great）宣傳文案，將績效目標提高到八種商品。[162]

結果，銀行高階主管全心追求交叉銷售的商業和財務利益，而未能堅守公開宣稱的核心理念（協助客戶獲致成功），形塑一致的企業文化。銀行內瀰漫著不顧一切追求績效的壓力，伴隨而來的，就是主管對爭議行爲明顯放水，甚至鼓勵員工知法犯法。因此，上千名員工未獲客戶授權即私自開設銀行帳戶及申辦信用卡，導致客戶在不知不覺中支付了額外費用，影響範圍相當驚人。不僅如此，其他業務部門（例如財富管理）也發生類似的違規現象。[163]

富國銀行的高階主管未能及時注意高階領導者分內職責的重要面向（有些明顯，有些則較爲複雜），是造成問題的主因。主管設定不切實際的績效標準，並容忍不符企業「眞北」的違規行爲，誘使員工棄守道德底線。

不過，領導階層還有另一個失職之處也同樣重要，這涉及銀行不當管理風險組合，亦即如此躁進地使用交叉銷售的手段，勢必會推升員工踰越道德規範的風險。當時，重大的財務、商譽和法律後果暴露了這項新弱點（營運和法律風險），銀行早該直截了斷地處理，主動化解風險。

富國銀行其實有機會撥亂反正：在交叉銷售的前提下，由領導階層主動傳達銀行所預期的行爲規範，並明確表明不容許員工違規，如此一來，整個組織就能在「眞北」的引領下步上正軌，最終達成績效目標。接著，銀行可清楚定義自主空間，目標明確地執行這項策略，讓員工能盡情揮灑創造力和原創巧思，充分發揮戰術性敏捷的優勢，協助客戶創造眞正的商業價值。

富國銀行的例子說明了一個與敏捷有關的重點。爲了確保我們採取的行動能夠發揮成效，且盡可能減少副作用，需借助面面俱到的方法評估以下事項：一、不同手段之間有哪些意料之外的互動可能減損成果；二、該手段會對風險組合造成什麼影響；三、運用手段的方式是否與目標保持一致。

二〇一一年，北大西洋公約組織主導干涉利比亞內戰，希望能促成雙方停火，在當時的情境下，前述方法本可發揮作用。原本的目標是要保護人民，但後來幾經演變，政權更替也成了目標之一。目標增加後，事實證明光是發動空襲行動（過程中主要動用的手段）並不足夠，因爲這導致利比亞的政治和經濟崩盤，更助長伊斯蘭國（Islamic State）的發展。此次行動的結果早就可以預期。在沒有其他軍事支援的情況下展開空襲行動，政治和經濟手段只能達成相當特定的目標，成效有限。

相對於二〇一一年的利比亞轟炸行動，美國在一九八六年對該國發動一場縝密規畫的空襲，就清楚示範了如何利用多種權力要素（包括軍事）達成有限的政治目標，同時又能避免結果不盡人意。

與利比亞領導人格達費（Gaddafi）幾次正面對峙後，美軍早有準備並曾演練幾套緊急應變行動，以因應他不合法宣稱錫德拉灣（Gulf of Sidra）爲利比亞領土、支持國際恐怖組織，以及意圖發展核武等舉動。這些舉動對歐洲和北非的區域穩定與聯盟安全，無不造成威脅，對此，各國主要採取外交和資訊傳播工具，試圖勸阻及嚇阻格達費。

一九八六年春天，西柏林一家迪斯可舞廳爆炸，造成多人死亡，上百人受傷（其中包括美國士兵），而外界相信，利比亞與這起事件有直接關係。根據先前制定的緊急應變計畫，代號爲「黃金峽谷」（El Dorado Canyon）的軍事行動旨在對利比亞發動空襲，清楚表達美國不再容忍利比亞的侵略野心，尤其是利比亞直接針對美軍和美國利益而來時，更是如此。

那時軍隊已完成訓練，蓄勢待發。行前清楚掌握利比亞的防禦工事，代表空襲部隊需承受的風險有限。美國獲得盟國充分支持，且蘇聯與利比亞明顯保持距離，表示外交風險尚可接受。設定的目標能夠達成，且風險也在可接受的範圍內。相較之下，格達費對美國利益所造成的威脅與整體的惡意途徑，反而讓人難以接受。

空襲行動大獲成功。雖然美軍失去一架 FB-111 轟炸機，但利比亞收到了美國想表達的訊息。格達費不再影響美國的特定利益，而且大幅降低對恐怖分子的支持，著手協商對受害者家庭的賠償金，並在進入新世紀之前，終止原本的武器研發計畫。

總之，空襲結合外交、資訊和軍事手段的成效良好，事實證明這的確是計畫完善的一次行動，成功迫使格達費安分守己……至少一段時間。

以小搏大

我們在第一章就曾稍微觸及靈活執行力的概念，當時我們寫道，**想要實現敏捷，不一定要肌肉最大、速度最快、體格最強壯，但必須夠大、夠快、夠強壯**，而且必須有能力嚴謹評估情況，決定何時應動用哪些手段，並清楚了解結合不同手段的目的。這樣，我們才能有效對抗競爭對手，甚至發揮比對方更優異的實力，終至勝出。

以色列就是很好的實例。在敵國環伺的情況下，以色列無法只仰賴傳統的國防型態，因此，該國的生存理念是結合眾多手段形成反制，改變重要的風險方程式，爲自己創造優勢。以色列長期斥資發展軍事和科技，全國國內生產總值（GDP）約有四．五%是投入研發工作，因而造就全球名列前茅的創業和創新經濟。[164]

以色列憑著軍事實力拓展外交空間，擴大影響範圍之餘，也創造收入。透過領先全球的海水淡化和沙漠灌溉等創新技術，以色列不僅成功鞏固糧食和供水安全，更成爲歐洲農產品的重要供應國。

軍事衝突方面，以色列採取混合戰型態，部署傳統兵力、情報網、特種部隊，再搭配電子作戰和網路戰，發展出無比強大的國防實力。同樣重要的是，以色列充分利用威嚇手段（一般認爲其擁有核武、科技進步、與美國保持緊密關係，而且面對他國挑釁時果斷回應），減少他國入侵的機率，使敵國不敢越雷池一步。

本書的重要主題之一，是要闡釋環境中充斥各種不確定因素，潛在的競爭對手四伏，因此我們需要發展敏捷力，強化自身實力。如果我們放棄主動權、無視策略矛盾，又不發揮創造力妥善運用各種手段，使自己具備新興的技術和能力，最後只能屈居劣勢，任由他人擺布。近年來最令人擔憂的例子之一，就是俄國積極運用多種手段，極力擴展對全球的影響。不幸的是，敏捷並非良善者的專利。

案例：普丁的反民主軍火庫

二十一世紀初始，普丁領導的俄國政府便踏上反西方之路，設法破壞全球人民對西方民主體制的信任，鬆動後冷戰時期的國際秩序，恢復俄國在全球舞台上的影響力。俄國的重點手段包括試圖妨礙美國推行策略、分裂美國與北大西洋公約組織盟國的關係，以及影響民主選舉的結果。俄國展現優異的狀態意識、策略形成程序和靈活執行力，值得西方國家、武裝部隊和企業領導者借鏡，並從中窺探這個時代從未停歇的強權衝突。

在普丁的領導下，俄國對環境變化的偵測能力相當敏銳。九一一恐怖攻擊發生以來，美國在阿富汗和伊拉克的作戰行動，不僅占據美軍的注意力，消耗大部分資源，更讓美國與其盟友之間的關係開始緊張。之後，美國的對外政策缺乏一致性，在國際事務中的領導意願降低，也不再如以往熱中涉入其他軍事對立的衝突。這些局勢發展都爲俄國創造了良好機會，使其得以制定大膽策略，以創新方式多方運用多元手段。俄國熟練地運用這些能力和戰術，針對當下的局勢現況運籌帷幄，謀求利益。[165]

政治手段

- 軍事行動（併吞克里米亞、喬治亞和敘利亞境內爆發的戰爭）
- 促使政權更迭（蒙特內哥羅）
- 政治暗殺（國內外）
- 網路戰（疑似介入美國、法國、愛沙尼亞和烏克蘭選舉；間諜滲透；反情報行動）

商業手段

- 重新配置經濟和人力資源，發展先進軍事技術及推進軍事行動
- 為民粹運動提供財務支援
- 出售軍事設備及提供經濟援助（伊朗、敘利亞、埃及、土耳其）

風險手段

- 提高風險偏好（遭受制裁而導致經濟成長減緩、作戰傷亡、石油和天然氣的市占率下降）

組織手段

- 中央集權
- 重新調度武裝部隊及軍隊專業化
- 以愛國為號召團結所有俄國人民

溝通手段

- 發動資訊戰，激化社會、政治、道德和宗教衝突（美國、敘利亞、伊拉克）
- 外交（伊朗核協議、北韓、敘利亞、在聯合國安全理事會中蓄意阻撓）
- 在國內外大肆宣傳

實體手段

- 發展先進軍事技術和工具，對全世界投射軍事和經濟影響力

俄國有幾個策略和方法尤其值得注意。為了彌補常規軍事、金融和外交工具的不足，俄國創造了新型態的資訊戰，這種複合式溝通手段結合即時訊息、政治宣傳和細膩的假資訊行動。這需要動用實體、商業和組織手段予以輔助，例如資訊技術、金融投資，並且培養相關的人力資源。

我們曾與中央情報局和國安局前局長麥可．海登將軍，討論資訊戰和網路攻擊在俄國的策略中所扮演的角色，他認為，單從這兩點來看，俄國獲取情報的大部分行為已構成標準的間諜活動。眞正推陳出新之處，在於俄國持續發動宣傳，將這些資訊武器化，並同時透過傳統媒體和社群媒體管道有系統地部署。[166]

俄國明瞭美國在常規部隊、制空武力和先進監控技術等方面的優勢，因此運用風險智慧、先進科技、軟實力和靈活執行力，選擇從美國的政治和軍事弱點切入。在對敘利亞和烏克蘭的軍事行動中，俄國就已清楚展現其在混合戰上的創新能力，如同記者奈森．賀吉（Nathan Hodge）和朱利安．巴恩斯（Julian Barnes）所指出，「先進的干擾技術、電子監控和無人機科技不斷提升」武裝部隊的作戰能力，使攻擊「更精準致命」。[167]

另外，俄國也大幅提升了常規軍事實力。二〇一六年，麥馬斯特中將在美國參議院軍事委員針對俄國事務的作證中指出，美軍在阿富汗和伊拉克作戰期間，俄國研究了美國的能力和弱點，展開極富野心的現代化計畫，並獲致豐碩成果。在之後的衝突中，俄國結合無人航空系統、網路防禦能力和先進的電子戰技術，充分展現科技的長足進步和嶄新的軍事策略。目前俄國仍持續整合軍事與非軍事作戰能力，積極改良並擴大應用範圍，企圖在地緣政治上發揮更大的影響力。

如此大規模的策略執行計畫，需有全面而清晰的策略予以支應。這需要審慎且有耐心地重新配置資源，並大幅提高風險偏好。除了前期投資之外，也要願意處理時常無法預測的挫敗，像是人命傷亡、軍事設備損耗，甚至是阻礙經濟成長的國際制裁。擴大範圍全面規畫和整備也一樣重要。

在普丁的帶領下，俄國許多作爲都一致指向一個重點：他們的目標在於鎖定對手的弱點，趁其躊躇不決、無法凝聚共識，以及缺乏有力策略的時候，積極利用隱藏其中的良機謀取利益。俄國掌握主動權，並維持隨時蓄勢待發的競爭狀態，已足以嚴重影響西方民主國家的均衡發展，使歐美各國居於防守態勢。

中國將軍與軍事理論學家孫子認爲，「不出一兵一卒就瓦解敵人的抵抗能力，才是最高明的境界。」（編注：原文爲「不戰而屈人之兵，善之善者也。」）將軍瓦列里．格拉西莫夫（Valery Gerasimov，爲俄國擬定混合戰策略的重要人物）奉行孫子思想，據報導，他曾聲稱俄國持續精進「非直接、非對稱」作戰的目標，就是要「在不占領任何領土的前提下，剝奪敵方的事實主權」。[168]

❖ ❖ ❖

接下來在最後一章中，我們將統整本書的多項主題，援用近期貼切的商業個案，並搭配改變歷史發展的經典軍事案例，具體示範敏捷程序、敏捷支柱和敏捷條件。

Chapter 11

敏捷規畫

Planning for agility

科技和金融發展相互交織之下，創新的力量在過去一個半世紀內不斷突破現狀，循環帶動世界演進。總體來看，很少公司能像紐約和密西西比河谷印刷電報公司（New York and Mississippi Valley Printing Telegraph Company）一樣，坦然地迎向變化，並機敏地不斷向上提升，轉型成現今較爲人熟知的西聯匯款（Western Union）。

案例1：西聯匯款公司

該公司於一八五一年創立之初，領導階層設定的目標是要搶占新興電報市場的龍頭地位。[169]在產業尚未成熟、市場也尚未發展完全的情況下，該公司積極收購規模較小的廠商，在美國、歐洲和亞洲開拓事業版圖。市占率和知名度均快速提升後，西聯匯款於一八六五年在紐約證券交易所上市，並在一八八四年成爲首個道瓊運輸指數的十一檔原始成分股之一。

接下來的幾十年間，西聯匯款公司持續果決地回應變化，靈巧地調整服務和商業模式，以順應金融市場的演進，並因應電話、傳眞和網際網路的問世。該公司時常積極創新，像是在一八七一年利用涵蓋範圍廣泛的電報網導入匯款服務、在一九一四年率先推出簽帳卡，以及在一九七四年發射第一顆美國國內通訊衛星。

隨著時序邁入二十一世紀，西聯匯款公司已名列《財星》（*Fortune*）雜誌的五百大企業，業務版圖涵蓋超過兩百個國家，據點數比麥當勞和星巴克門市加總起來還多。另外，該公司在跨貨幣、跨境轉帳領域中，還是全球公認數一數二的品牌，尤其是爲移民、中小企業、金融機構和教育組織提供相關服務，最爲人所知。

西聯匯款公司深入思索二〇〇〇年到二〇〇九年間的營運環境，發現新的數位市場、客群和生態系興起，大環境面臨重大變遷。電子商務和數位金融服務誕生，衝擊該公司以實體基礎設施爲核心的業務，對其產業分量、市場定位和商業模式均帶來龐大威脅，攸關生存。

眼見相關威脅造成的衝擊如此巨大，許多產業觀察家都對該公司的前景表達擔憂。即使該公司過去成功適應大環境變化的戰功彪炳，但當時面臨了懷疑的聲浪，如同執行長希克梅特．厄賽克（**Hikmet Ersek**）形容說：「全世界都在看西聯匯款能否撐得過去。」當時外界認爲，擁有一百六十五年歷史的老公司不擅長面對改變，西聯匯款想維持及擴展領導地位的目標似乎毫無勝算。

邁入下一個十年前，西聯匯款公司的高階領導者下了一個極其重要的策略決定：將公司轉型成新興數位市場的重要品牌。不必贅言，這需要投入龐大的心力，包括學習新能力、重新定義對不同利害關係者群體的價值主張、徹底重新評估如何看待及運用科技的方式，以及擬定一致的宣傳計畫並確實推行。該公司在數位領域缺乏所需的專業和品牌知名度，這些問題都必須大膽正視，設法解決。

二〇一一年，西聯匯款公司的領導團隊仔細評估當時的競爭情勢（包括增進風險智慧和審慎評估既有業務）之後，制定了全面數位轉型的應變計畫。該計畫以客戶為中心，多管齊下推出各種因應措施，期能發展出業界最優異的數位金融服務，並在網路上爭取一席之地，同時也不忘推廣傳統實體金融業務的價值主張和效率。

研擬策略的過程中，確定新的數位專業和服務能為公司傳統業務挹注多少優勢，是很重要的課題。對此，公司需進一步淬鍊風險智慧，以了解公司忠誠客群的偏好和要求。這些客戶對於數位服務會有什麼反應？對於不同產業的客群，實體據點和現金匯款服務有多重要？數位服務與傳統業務是否截然不同（而需分開營運）？若要回答這些問題，領導階層必須深入檢視內部和外界對西聯匯款公司根深柢固的看法和假設。其實，這就是在實踐實事求是的精神。

最後，他們清楚證實了實體據點和現金匯款對某些產業的客群確實相當重要。不過他們也發現，許多老客戶樂見數位轉型帶來的便利，願意透過友善可靠的數位平台註冊及執行特定交易。緊密整合數位和傳統服務模式，最後成了西聯匯款公司選擇的道路。

要帶領公司完成如此巨大的轉型，需先擁有清晰的指揮官意圖和堅強的領導團隊。設定這個目標不僅意味著公司需要進入新的業務領域，還要改變公司的形象和文化。反彈是意料之中的反應。公司需引進新人才，但這可能引發恐慌和文化衝擊，所以需要謹慎管理。領導者和團隊均需全力以赴，竭盡所能地爲這番改變辯護，給出能說服和啓發部屬的說法。改革初期就能看到初步成果也很重要，這能讓人覺得自己參與了有影響力的新事務而備感振奮。

西聯匯款公司果斷地利用多種手段來執行計畫。運用的商業手段包括：大量投資新的數位和風險管理技術、重新配置資源、締結新的商業合作夥伴、開發新產品。[170] 爲了延續主動出擊的態勢，西聯匯款的高階主管決定積極經營優勢：風險管理。這家公司在管理跨境匯款業務上擁有世界級的專業，在法律規範和反洗錢方面也有卓越的應對作爲。領導團隊決定發揚這些優勢，精益求精，將原本就已表現不俗的能力轉變成重要的競爭優勢，築起對手難以跨越的進入門檻。

西聯匯款公司發展的幾種進階能力包括：自訂演算法，以偵測並即時阻止潛在的違法活動；開發掃描程式，依據美國和國際制裁清單與資料庫檢查交易對象；執行驗證工作時，暫時延緩高風險匯款作業；在超過九十五個國家和地區設立詐騙熱線。過程中，西聯匯款將整體風險管理與合規預算，大幅提高到每年約兩億美元。[171]公司編制超過兩成的人力專責處理合規事務，並從外部增聘額外人才，其中不乏資深執法官員、前監管單位人員和頂尖的銀行專家。

風險手段也同樣運用得當。執行所規畫的組織變革前，需先大幅提高公司的風險偏好。舉凡願意從事鉅額投資、包容可能的過錯，並坦然面對新產品和服務不一定能受客戶青睞的事實，都是很重要的作爲。另外，某些利害關係者和金融市場可能不願意放行某些風險，導致股價波動、績效暫時不如預期等結果，西聯匯款公司都需要適切處理。

西聯匯款公司廣泛運用組織手段，因而得以發展新能力和技術，同時也善用內部深厚的相關經驗。他們組成團隊帶領變革，團隊成員包括西聯匯款內部聲譽極佳的高階主管，並延攬擁有深厚數位金融專業的外部人才。如同某位高階主管所言，所有人共同推廣冒險和實驗的企業文化，齊心協力「加速公司的新陳代謝」，使內部在快速循環的發展週期內產生創新成果，並即刻進入壓力測試。

該公司動用的溝通手段包括：積極經營投資人關係、行銷和品牌塑造。實體手段也同樣值得注意。爲了爭取矽谷的金融科技人才，這家總部位於科羅拉多州的公司決定在舊金山設立新的數位業務辦事處，而全球多達五十五萬個零售據點也相繼配備新的技術。

西聯匯款公司努力的成果令人驚豔。到了二〇一六年，超過十萬家公司仰賴西聯匯款處理跨境付款事宜，其中包括大型金融公司、教育機構、非政府組織和中小企業。西聯匯款的官方網站（WU.com）每個月迎接超過一千七百萬名來自四十個國家的使用者，年營收成長二十五％。西聯匯款的應用程式公認是「前二十名」金融應用程式，下載次數超過三百萬。[172]

我們撰寫本書時，這家公司的實體和數位平台規模在全球均已名列前茅，提供多種金融交易服務，在超過兩百個國家支援一百三十種貨幣服務。由於西聯匯款公司具備強健的新技術基礎，因此可以非凡的速度和規模匯轉款項，每秒平均處理三十二筆交易，每年完成超過五億筆商務付款作業，經手的年度總金額達一千五百億美元。該公司透過行銷活動，成功宣揚了其在風險管理和合規方面的專業，使這些專業成爲價值主張、策略差異化和競爭優勢的重要構件。

超過一百六十五年來，西聯匯款公司始終坦然面對動盪和變化，未來勢必還是需要保持警戒和敏捷，迎接數位和電子商務革命的全速發展。西聯匯款的領導團隊十分清楚，日後金融付款系統的技術和營運環境，將會繼續快速演變。將來必定會出現打破現狀的全新技術，新的競爭者會試圖瓜分市場，網路安全威脅會帶來更大的衝擊，相關法規也會隨著不斷修訂及調整。這些因素都會持續對商業模式和競爭優勢造成威脅，產業增進風險智慧的腳步不能停歇，發展方向需要不斷調整、仔細斟酌、果決執行，而這一切都要以強調互信的內部文化爲根基才能實現。

敏捷規畫程序

研究衆多實際案例期間，我們看遍組織致力善用敏捷元素，獲致程度不一的卓越成果，而在衆多個案當中，西聯匯款面臨危急存亡之秋，毅然走上數位轉型之路的故事，無疑是一大亮點。這家企業完整示範了「偵測、評估、回應」的敏捷程序、敏捷三大支柱和敏捷條件，堪稱典範。

當然，敏捷程序是不斷調整的持續過程。策略的執行進度和實務環境的變化（包括採取行動後所引發的變化），都必須持續監控和評估。後續產生的回饋循環和不斷調整的過程，在敏捷特質的發展上均扮演著重要角色。

從戰術的層面來看，執

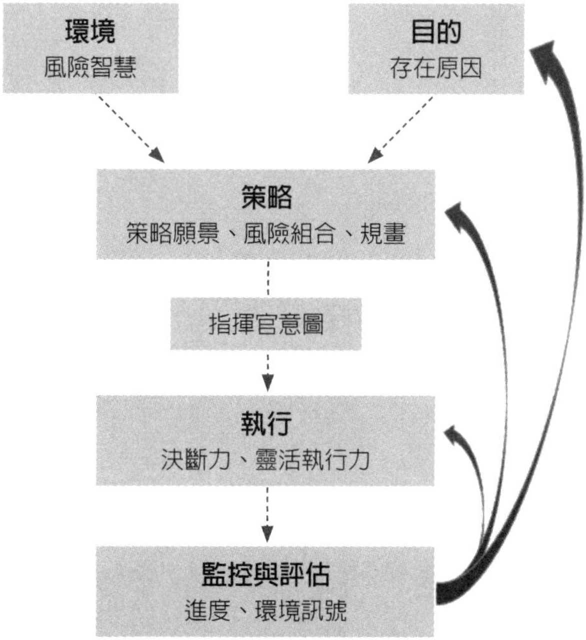

敏捷程序

行、監控和評估工作密不可分，彼此相輔相成，因而能不斷改善策略的執行作業。有時出現嶄新發展，就必須連帶重新評估策略目標和風險容忍度。環境變化特別劇烈時，高階領導者可能需放緩腳步，從整體的角度思考攸關生存的重大問題，重新釐清公司的存在目的和業務本質。

這個過程中，風險智慧的增進方法和向決策者呈現資訊的方式都要不斷改進。分析工具和績效指標需隨時調整，以反映進度和新的發展，而領導者也需自省是否達成指揮官意圖以及正確衡量當下的情勢。

要在實務上成功落實前述作爲，需先將敏捷列爲規畫程序中不可或缺的一部分。這乍聽之下或許顯得矛盾，但大部分領導者早就證實，仔細琢磨的詳盡計畫會抑制敏捷，即使是有技巧地執行計畫，也難保不會發生反效果。

以戰爭爲例，第一次世界大戰期間，德國的施里芬計畫（Schlieffen Plan）就是極具教育意義的案例。雖然該計畫耗時多年研擬而成，具有主動出擊的非凡精神、細節精明講究，但最後顯然限制了德軍的強勁戰力，使其未能發揮敏捷特質，以對抗二十世紀防禦工事的火力優勢，最後成了一大敗筆。

無論什麼領域，計畫的確可能扼殺從描繪策略藍圖到戰術執行的整個程序。這類商業案例俯拾皆是，例如索尼公司（Sony）的Betamax錄影機（編注：採十七．七公釐家用錄影帶格式）最後走上停產的命運，就是一例。麥可．雷諾（Michael Raynor）的《策略的兩難》（*The Strategy Paradox*）一書和其他商業文獻，都記載了許多相關實例。

德懷特．艾森豪（Dwight Eisenhower）將軍有句名言：「計畫毫無價值，但規畫至關重要。」促進敏捷的關鍵並非是否擁有一份正式計畫，而是規畫的**行為**和**方法**。規畫的重要之處，並非劃出一條通往成功的明確道路，而是要設定清晰的行進方向、分析多種可能情境和達成目標的途徑，並在必要情報、執行力和自主空間的輔助下，壯大組織的力量，以便在研擬及實行計畫時適時監控、評估和調整。

在這個美軍開發的方法中，規畫是高階領導者責無旁貸的重要職務。依據培訓內容，指揮官應在規畫行動目標之餘，嚴格評估敵方的戰力和企圖，以及組織的風險、資源和能力，從而取得平衡，同時還要試圖發掘可能造成影響的任何潛在因素。

隨著規畫程序往前推進，領導者應更深入釐清任務至高無上的目的，並透過持續監控和評估，不斷改進策略的執行面。此外，領導者也需評估可以動用（或須發展）哪些手段，以利達成目標。

一旦掌握指揮官意圖、優先要務和行動指導原則，規畫者就能著手研擬各種可能的行動方針。這些選項都是依照各種不同情境所制定的作戰策略，以因應不盡相同的環境因素，以及能力和目標不一的各方對手，而且時常是在「行動、回應、反制」的範疇中實行。經過這一連串程序，指揮官就能決定組織應採取的行動途徑。

規畫程序會產出兩種成果。第一種是行動計畫，亦即針對如何在特定環境和時間下達成預定目標，是高階領導者所提出的最佳辦法。此計畫能促使整個組織清楚描繪出整體行動的推進過程，從最低層級的個別任務，乃至跨越多階段與不同任務主線的複雜行動，都會包含在內，而且還需仔細考量各項行動和任務的執行時間。如果不同行動預計將會整合為一，共同執行，務必得擬定這類計畫。

第二項成果是一系列緊急應變計畫，目的在於因應未來情況和計畫推展時可能遭遇的不確定因素。緊急應變計畫主要針對可能的挑戰和機會，描述多種「假設情境」和「後續發展」，並概略指出實現目標的各種可能路徑，以及各方案所必要承擔的風險。另外，這種計畫也會考量當下現況出現特定轉變時，該如何評估及調整計畫，甚或直接轉型。這一切都能與偵測和評估程序有效整合。

比起制定正式計畫，在厚重策略文件的制約中逐漸僵化，這種作法可為整個敏捷程序注入活力。計畫應該比較像是指導原則，而非精準的「步驟」檢查表，扼殺了所有自主權和敏捷特質，反倒要允許我們根據環境變化（包括組織的重大轉型）靈巧地制定及管理回應措施。

此外，其他重要成果還包括狀態意識、探索型思維和想法交流，這些都有助於不斷冶煉指揮官意圖，使其更加明確。實行此程序時，組織的諸多階層均需配置大量的時間和資源，因此務必確保相關領導者能完全認同此作法。對此，高階主管有必要向所有相關人員清楚解釋程序的本質和目的，加以說服。

二次大戰期間，同盟國在登陸諾曼第之前所做的規畫，以及行動過程中實際執行策略時，在在展現出無與倫比的敏捷特質。歷史上或許沒有其他更有說服力的案例了。諾曼第戰役示範了敏捷程序和敏捷條件的所有要素，如何在這場有史以來最複雜的軍事行動中發揮得淋漓盡致，不僅克服棘手的迷霧和激烈的戰爭磨擦，同時更保全了人類文明的龐大賭注，也就是西方自由民主的未來。

案例2：諾曼第戰役

大君主作戰行動（俗稱諾曼第戰役）不僅是第二次世界大戰的轉折，也是人類歷史上極其重要的時刻。這場戰役爆發前，同盟國接連做出各項關鍵判斷，並耗費數年的時間全盤規畫，行動期間則有賴各部隊堅持不懈及適時發揮敏捷力，最終才能克服大量傷亡和挫敗，協助形塑戰後的國際秩序和影響圈。如果這場入侵行動以失敗收場，蘇聯可能會成爲第二次世界大戰的唯一贏家，現今的世界或許就會截然不同。

這場戰役在一九四四年六月六日正式爆發，同盟國從諾曼第海灘登陸，並配合空中部隊，確立反攻行動的立足之地。隨後，超過兩百萬名同盟國士兵越過現在的法國領土，解放巴黎，迫使德軍在一九四四年八月三十日撤退到塞納河彼岸，爲這場登陸行動劃下句點。

這場行動的規畫工作本身（以及事前不勝枚舉的轉型計畫）工程浩大，牽涉的範圍和細節衆多，非凡人所能想像。確立無比清晰的行動目的後，再由所有層級的領導者有原則地賦予自主權限，使所有相關人員都能擁有一定的自主空間，如此，「策略性敏捷」和「戰術性敏捷」才得以眞正實現。

策略性敏捷

諾曼第戰役是多年實踐策略性敏捷累積而來的成果。這場戰役眞正展開之前，美國與同盟國就已針對戰役的本質多次展現了卓越的判斷力。

首先，從全面評估敵方和衝突的本質中，美國領導者得到的結論認爲，迫使軸心國於一九四一年無條件投降是勢在必行的目標。這是十分清楚而有力的「眞北」，對後續情勢的發展影響深遠；相較之下，蘇聯領導者當時則做出完全相反的判斷，認爲與納粹和平共存不僅可行，還可能帶來好處。雖然俄國忙著與德國共同瓜分歐洲版圖，試圖將歐洲納入未來的影響圈，但納粹勢力也在準備入侵蘇聯。

同盟國政府和軍事指揮官所做的第二個重要決策，是要優先籌備聯合部隊，並處理隨之而來的資源分配問題。他們在「歐洲第一」的行動計畫中約定，同盟國的絕大多數資源需先用於打擊納粹德國，對於太平洋戰區的日本暫時先以防禦爲重。美國致力實踐這項策略，其角色有時就像克勞塞維茲所謂的「精準攻擊所構成的護盾」，即便一九四一年珍珠港遭受日本突擊仍堅守立場，展現不屈不撓的信念。

另外，同盟國也依據廣泛蒐集的風險情報、對替代方案的仔細評估，以及過往行動的血淚經驗，做出其他重要判斷，包括確定橫跨海峽攻入歐洲是擊敗德國的最上策。

確定「眞北」和策略之後，美國便開始投入龐大資源和精力，著手規畫、創新和備戰兩棲登陸行動。[173]至於追求策略目標方面，則廣泛利用多種手段。美國將經濟轉型成「民主兵工廠」之外，也大量從事工程創新，例如開發水陸兩棲坦克、浮式碼頭、潮汐預測裝置、新型登陸艇，以及噴火和除雷裝甲車。

開發多功能車輛和裝備的同時，部隊訓練也如火如荼展開，包括在英格蘭尋覓與諾曼第登陸點特性相近的多處海灘大規模實施登陸軍演。這些演練的風險極高，例如模擬登陸猶他（Utah）海灘的老虎演習（Exercise Tiger）出動三萬名美國士兵，但最終以悲劇收場。因爲德軍偵測到載運部隊的艦隊，隨而派遣快速攻擊艇前往突襲，最後造成九百四十六名士兵身亡。[174]

此外，同盟國也持續不懈地增進風險情報。行動前幾個月，同盟國空軍遠征部隊就執行過上千趟低空偵察飛行任務，蒐集地形圖、可能的障礙和敵軍防禦部署等詳盡資訊。偵察隊無數次潛入敵方密集巡邏的地區，蒐集登陸地點和鄰近水域的詳細資料。不僅如此，同盟國即時破解無線電訊號，也提供了敵軍計畫和部隊動態的重要資訊。[175]

與此同時，同盟國還全面發起假資訊行動，企圖誤導德軍對登陸位置和時間的認知。偵察機定期沿著全歐洲海岸線飛行。假無線電通訊刻意標示部隊在全歐洲的「預定」登陸點，再派遣小型部隊部署假坦克、卡車和登陸艇，製造大規模部隊的假象。[176]傳遞假消息的情報網（許多原為德軍間諜，後來成為雙重間諜）更進一步混淆視聽，深化敵方的錯誤認知。[177]假資訊行動的具體成果之一，是成功引誘德軍撤出部署於法國境內的坦克群，在戰略上的意義重大，這讓同盟國部隊得以從諾曼第海灘登陸，站穩進攻歐洲戰場的第一步。

承前所述，美國運用政府和商業手段，將全國變成「民主兵工廠」。美國利用風險手段（提高風險偏好最為重要）之餘，也全面溝通戰勝所需的物資規模，大幅拉抬輿論對政府投入龐大金融資源的支持，也提高社會承受大量傷亡的心理準備。動用組織和溝通手段的目的，在於促進團結及激勵士氣、蒐集情報，以及執行多面向的假資訊行動。

指揮官意圖

一九四四年二月十二日，同盟國向艾森豪將軍下達指揮官意圖聲明，任命他擔任空軍遠征部隊的最高指揮官。整份文件風格簡練但主旨清晰，面面俱到但賦予決策自由，堪稱典範。舉凡行動目標、指揮架構、後勤規畫、部隊職責劃分，以及與同盟國和蘇聯的互動本質，無不清楚說明，完整傳遞。任務說明如下：

你們會與其他聯合國盟軍一起進入歐洲大陸，執行直搗德國心臟地帶的軍事行動，打敗其武裝部隊。進攻歐陸的時間爲一九四四年五月。在海峽對岸掌握足夠的港口後，需先鞏固有利展開陸空行動的作戰區域。雖然已訂下行動時間，但你們應隨時整裝待發，視有利情況採取即刻行動，例如前方遭遇敵軍時暫時撤退，以維持完整兵力，達到重新推進歐陸的目標。本行動的整體計畫會在上級核准後發放，以供參考。

特殊領導力品牌

同盟國領袖指定艾森豪擔任指揮官的決定堪稱明智之舉。《紐約時報》日後在紀念艾森豪的文章中寫道：「簡而言之，他是值得信任、化繁爲簡、眞正做事的人。」他的領導作風完全符合我們推崇的特殊領導力品牌。那篇《紐約時報》文章接著讚頌他「爲人眞誠，溫暖人心」，詳述他懇切踏實地實踐個人理念及生活，「洋溢著良善正直的單純氣質」。他待人友善、處世圓融，比起粗暴地施展權力，他更偏好耐心說服，最終能讓同盟國部隊同意履行大膽計畫，以上人格特質功不可沒。

無論是在戰場上或之後入主白宮，據說艾森豪都能善用他的獨特才能，「讓意見分歧的團體和諧共處，讓個性迥異的人攜手共事」。[178] 整場戰役中，他也展現敏銳的判斷力，精準挑選合適的領導長才。因此，他會選擇「士兵尊敬的上將」奧瑪・布萊德雷（Omar Bradley）在登陸日指揮美國陸軍第一軍團，一點都不意外。沉默寡言、虛懷若谷、能力高強，都是布萊德雷給人的形象。他做事可靠、爲人明理，而且眞心關懷部屬，使部屬願意報以信任、全心投入、忠誠跟隨。儘管這兩人都擁有如此傑出的能力，但值得注意的是，隨著他們在指揮體系中一路晉升，相信他們早就用心發展這些領導特質。

艾森豪鼓舞人心的魅力，以及他對全體官兵表達其行動所代表的重大意義時，言辭間流露的篤定氣勢，在「反攻動員令」（Order of the Day）中展露無遺。這段演說不僅在行動前夕經由無線電傳遞，也以書面通訊稿的形式發送給各部隊。他在言談中展現的力量並非筆墨足以形容，因此以下收錄整段演講。

各位聯合遠征軍的陸海空戰士們：

你們即將啓程遠征，遂行這幾個月來我們全力整備的任務。全世界的目光都關注著你們，各地崇尚自由的人民對你們寄予厚望，懇切的祈禱將伴隨你們同行。你們將與其他戰線的英勇盟軍和弟兄並肩作戰，摧毀德國的戰爭機器，推翻壓迫歐洲人民的納粹暴政，守護自由世界的安全。

這會是無比艱鉅的任務。你們的敵人訓練有素，裝備精良，作戰經驗豐富。他們絕對會頑強抵抗。

但現在已是一九四四年！跟納粹在一九四〇年至一九四一年勢如破竹的時空背景截然不同。聯合國部隊已在戰役中重挫德國勢力，我們的空軍也已大幅削弱德國的空中和地面作戰能力。我們的後勤補給彈藥充足，部隊菁英盡出，調度得宜。世界的局勢已然翻轉！全世界自由的人民即將攜手邁向勝利！

我對你們的勇氣、使命感和作戰能力滿懷信心。勝利正在前方等著我們！祝你們好運！祈求全能的上帝祝福這偉大崇高的行動大獲成功。

除了艾森豪之外，沒有其他領導者可以如此激勵士氣、篤實自信，稱職扛起領袖的重責大任。領導者願意爲自己和部屬的行爲負責，是塑造信任文化的重要關鍵，這一點在艾森豪身上也得到最佳例證，值得欽佩。行動前一晚，他親筆寫下紙條，承諾萬一行動失敗，他將負起全責。他指出，攻擊的決策是根據他所能掌握的所有資訊而決定，同時他也稱讚部隊的過人勇氣和全心奉獻，並要求上級讓他單獨承擔失敗的所有責難。[179]

以戰術性敏捷迎戰對手

隨著聯合部隊展開登陸行動，戰爭迷霧和磨擦等特質便展露無遺，無論多麼精確的計畫都可能付諸流水。無法確定的因素數量驚人，形成一股惱人的力量。上千架戰機大舉轟炸指定區域，清除登陸障礙，同時上千艘艦艇載著十五萬名士兵橫渡海峽。

礙於天氣不佳，原本訂於六月五日的登陸行動被迫延後。艾森豪在苦思後當機力斷，不管天氣可能進一步惡化，大膽決定在六月六日執行任務，不再耗費多日等候有利的潮汐和月照條件。結果證明，若再耽擱幾天，就會碰上一場嚴重的暴風雨，到時勢必無法執行任務。[180]不過，擔心的事情依然發生了，強勁的風浪將聯合部隊的艦艇推離原本鎖定的登陸點。雖然某些地點的兩棲戰車順利登陸，但因為海浪過大，預計部署的二百九十輛坦克中，有四十二輛不幸沉沒。部隊臨場應變的能力拯救了許多原本可能遭遇相同命運的坦克，坦克最後才能順利上岸。

即使接收到許多假資訊，德國指揮官仍認為諾曼第是敵方可能鎖定的地點之一，因此早已在海灘上布下地雷、反坦克障礙、有刺鐵絲網和詭雷，重兵防禦。這些反制措施進一步推升了海灘上的死傷人數。[181]

任務宗旨將美軍緊密團結在一起，加上部隊清楚了解目標和成功標準，因而能發揮足智多謀、決斷行動和求勝意志等強大特質，克服了上述防禦關卡可能造成的災難式挫敗。我們的好友理查．巴奈特（Richard Barnett）上校親身參與了後續的戰役，據他表示，「雖然美國武裝部隊鮮少討論或解釋敏捷這個概念，但凡是要全力以赴地負責完成任務的人，總是會收到這樣的期望，而且他們早已在實務中實踐。」

登陸行動中（以及從整場戰役來看），最能代表戰術性敏捷的事件，發生在與奧瑪哈海灘（Omaha Beach）遙望的奧克角（Pointe du Hoc），這是兩棲登陸行動中最險峻的地點。那是超過三十公尺高的駭人懸崖，近乎垂直的岩壁緊鄰著大海，賦予德軍絕佳的觀察和射擊制高點，只要有任何部隊踏上海灘，德軍馬上可以掃射殲滅。同盟國蒐集的情報顯示，德軍在此部署了大量槍砲，雖然先遣的空襲部隊會先猛烈轟炸此一駐點，仍無法保證現場沒有殘留任何反登陸火力。

美國陸軍遊騎兵第二營和第五營收到一項令人畏懼的棘手任務：攀上峭壁找到安全位置，摧毀懸崖上的所有火力。第二營會率先登陸，先行攀上懸崖，第五營隨後上岸，與正規的第二十九步兵師並肩作戰，以銜接第二營的攻勢。遊騎兵在英國皇家海軍陸戰隊突擊隊的嚴格監督下完成訓練，並通過作戰的實際測試，他們認真鑽研情報，演練及檢討每種可能阻礙他們完成重要任務的緊急狀況。他們持有全新配發的定位雷達裝置，並配備水陸兩棲車（DUKW）及其他攸關任務成敗的重要設備。但迷霧和磨擦將嚴重考驗他們的敏捷力。

每個遊騎兵都精確了解任務內容，清楚任務的目的和急迫之處。他們相信彼此和指揮官，且願意接受風險。遊騎兵團指揮官拉德爾（Rudder）中校與部隊一起攀登峭壁。

計畫從一開始就不順遂。十輛水陸兩棲車大多在大風大浪中沉沒，新雷達故障，部隊偏離預定的路線。為了抵達正確的登陸點，船隊需要轉向沿著海岸線行駛，這種情形下，敵方火力更容易瞄準射擊。許多伴隨水陸兩棲車的登陸艇在半途就沉沒或故障。部隊在踏上海灘前，傷亡人數就已急遽攀升。

即便如此，第二營遊騎兵仍然衝鋒陷陣、勇往直前。那些順利抵達海灘的遊騎兵，在德軍凶殘的火力中奮勇前進。抵達峭壁下方時，他們發現攀登梯太短，無法攻頂，而且許多攀繩吸了太多海水而濕透變重，無法從發射器一舉射上懸崖。然而，遊騎兵還是開始攀登，只是在槍林彈雨中死傷慘重。成功攀上懸崖的士兵馬上遇到新的挑戰：槍砲位置與預期不符！他們堅持效忠指揮官意圖，奮鬥不懈，積極在附近偵察，最後終於發現隱蔽的炮擊裝備，於是投擲鋁熱劑手榴彈加以摧毀。

同時，儘管第五營遊騎兵部隊深陷悲壯的搶灘行動，殘存的士兵仍然集結成隊，奮勇作戰，最後終於與登上懸崖的第二營會師。今日遊騎兵以「遊騎兵，做先鋒」

（Rangers Lead the Way）爲訓言，就是爲了紀念當天第五營英勇奮戰的精神。在懸崖上站穩步伐後，遊騎兵明白他們必須抵擋德軍的反攻行動，以免失去得來不易的立足點。他們築起路障，擋下德軍無數波凶狠的攻勢，終於等到後方援軍趕到，壓力才稍微緩解。

這項任務中，這兩個營的傷亡比例（包括殉職、受傷和遭敵方俘虜）大約七成。即便戰損嚴重，部隊依然意志堅定，展現卓越的使命感和求勝決心，就算面對這麼棘手的戰爭迷霧和磨擦，表現依舊不失靈活，過程中不斷改進及調整，逐一克服一路上遭遇的障礙。

入侵行動中，其他多支部隊也同樣展現了戰術性敏捷，毫不遜色。另一項關鍵任務由傘兵擔綱執行，他們在行動當天一早就空降到海灘後方。空投任務攸關整個行動能否成功，重要性不在話下，對此，同盟國派出超過一萬三千名傘兵，而艾森豪也在傘兵登機前，親自對他們發表「反攻動員令」。有一張他對傘兵部隊演講的照片，成了日後追憶大君主作戰行動的經典影像。

空降部隊一開始就遭遇巨大挑戰。多項不利因素（包括天氣、敵軍火力、執行上的錯誤）相互影響，導致空投位置失準，傘兵四散各處，難以集結。接下來的發展相當值得讚歎。美國大兵發現自己並未降落在預定的地點，而且與其他弟兄距離遙遠，因此自發組織成作戰小組，依兵階或當下情況指派領導者，然後團結一致，共同執行他們認為最有利於推進整體行動的任務，一路攻下橋梁和重要的戰略據點。

臨機應變的另一個例子是改造出「犀牛」戰車，創新作為同樣令人印象深刻。雖然同盟國部隊花了好幾年深入研究法國的海岸線，但部隊登陸後發現，風險情報具有極為嚴重的落差。現實中，法國鄉間地區種滿灌木，坦克無法通行。為了因應這個意料之外且可能引發災難的挑戰，美軍利用附近能夠取得的任何材料，為坦克裝上「獠牙」。[182]諷刺的是，這些「獠牙」大多是德軍埋在海灘上的鋼條防禦結構。後來，這項創新設計經過仔細研究，終於大規模產品化。[183]

另一個戰術性敏捷的例子是登陸行動落幕七週後的「眼鏡蛇行動」（Operation Cobra），同盟國對德軍、坦克和駐點發動地毯式轟炸，運用B-17戰略轟炸機近距離提供空中支援，堪稱另一創新。

論及諾曼第戰役時，軍事歷史學家史蒂芬．安布羅斯（Stephen Ambrose）指出，美軍之所以能在當下隨機應變，提出絕妙的解套辦法，應可歸功於美國缺乏僵固的社會階級制度。[184]以我們的親身經驗來說，雖然這一點或許有其重要價值，但缺少階級制度本身並不足以激發參與、團結以及承擔風險的意願，以致產生可行的解決方案及創新之舉。部隊訓練有素，擁有自主行動的權限，在「眞北」的啓發下凝結共識，加上領導者能夠果斷決策，而且成員間彼此信任，這些都是重要的助力。

聯合部隊的士兵充分展現出敏捷的所有特點。他們承擔風險，面臨意料之外的挑戰時傾向審愼行動，並依需求改變戰術。他們運用多元手段，展現十足靈活的執行力。他們的行動宗旨明確、明快果決，求勝意志展露無遺，因而能在履行任務的過程中發揮去中心化的效益。策略性敏捷與戰術性敏捷何以造就成功的大君主行動，直至今日仍是美國軍武界密切研究和推廣的議題。

❖ ❖ ❖

回顧歷史上各個時期，儘管科技發展、經濟概況、政治體制和社會結構迥異，但讓人驚訝的是，競爭環境的根本特性從未眞正改變。充斥不確定因素、首重人的因素、機率扮演重要角色；武力爲政治的延伸；重要利害關係者在主動出擊和規避風險間不斷改變立場。幾千年來，這些現象始終顯而易見，直到今天影響力未曾消滅。

爲了因應這個事實，軍方、政府和企業不斷設法實現我們所謂的敏捷特質（雖然態度堅定，但採取的措施時常有失條理）。他們在明確的目的下採取因應行動，以破除不確定性，形塑競爭環境，與競爭對手搶奪主控權。隨著技術大幅演進（從武器、資訊技術系統，到製程設備、商業手法、金融市場），能愈快、愈靈活地掌握這些能力，就能擁有競爭優勢。

很久以前，軍隊以制服和旗幟區分盟軍和敵軍；衝鋒陷陣之餘，也在馬背上設置鞍袋輔助機關，方便攜帶象徵指揮官意圖的軍令；幕僚規畫和評估行動的能力日趨強健，一路演進到更現代的作法，沒錯，就是運用企業品牌、使命宣言和策略計畫，這些方法的目的都是爲了確立更崇高的核心宗旨，激勵人心，爲混亂的戰場注入一絲秩序和向心力。當這些要素一一到位，敏捷團隊便能掌控紛擾的局面、戰勝對手、把握倏忽即逝的機會……終而脫穎而出。

現在也不例外。第四次工業革命引發迷霧和磨擦，地緣政治和社會的衝突不斷，新科技持續演進造成軍備競賽，這些無非都是現代版的文明挑戰，更進一步助長人類長久以來追求敏捷的渴望。本書深入探討這些影響深遠的力量，並極力關照擾亂卓越計畫的各種現代化元素，如果所有組織和領導者都能爲敏捷付出多一點心力，必能自我調整到蓄勢待發的理想狀態，在這嶄新的世代中把握前所未見的發展可能。

致謝

這一路上，我們認識了許多共事的夥伴和朋友，若不是他們無私分享珍貴想法、慷慨相助，適時給予我們引導和指教，這本書無法順利付梓成冊。我們要趁此機會向所有人表達感謝，但願不會漏掉任何人。我們要特別感謝巴奈特（Wade Barnett）、布魯西洛夫斯基（Pavel Brusilovskiy）博士、史巴克斯（George Sparks）、摩格里茲（Carrie Morgridge）和科沃（Judith Koval），他們爲這本書付出無盡心力，幫助我們的想法更加成熟完整。

誠摯感謝約翰·阿比薩伊德大使、馬丁·鄧普西將軍、史考特·海斯、克勞斯·史瓦布教授、比爾·喬治、約翰·貝瑞少校、夏蘭澤（Shelly Lazarus）、道格·彼得森（Doug Peterson）、雷恩·蕭中校、瑞思（Tom Rath）、戴維思（Mike Davis）博士、瓦拉道斯基–伯格（Irving Wladawsky-Berger）、德瑞絲貝赫（RuthAnne Dreisbach）、喬治·米契爾參議員、艾德蒙·菲爾普斯教授、丹尼斯·布萊爾大使、海頓（Michael Hayden）將軍、霍華德（Michael Howard）爵士、理查·巴奈特上校、沃林（Neal Wolin）、克羅克（James Crocker）、馬克·魯西奇、班森（David Benson）、諾貝爾（David Nobel）和崔西（William Tracy）博士。我們要感謝理查·葛爾方、加巴（Shehu Garba）以及他們的IMAX同仁，也謝謝希克梅特·厄賽克及其西聯匯款團隊，這些卓越企業的個案研究爲這本書增色不少。我們也要特別感謝湯瑪絲（Lisa Thomas），有賴她的專業和大力支持，這本書才能符合國防部的編撰標準。

感謝以下同仁付出大量時間審校草稿（並刪去原本許多重複的文字），以及提供寶貴的評論和建議：麥克布萊德（Mary McBride）、恰普（Rebecca Chopp）博士、伊里（Frank Yeary）、湯瑪森（Ray Thomasson）、席爾茲（Merrill Shields）、希亞姆－桑德（Lakshmi Shyam-Sunder）、普魯沃（Amedee Prouvost）、萊特（Lauren Wright）、亞伯斯（Daniel Arbess）、沃爾許（Nancy Walsh）、康可迪亞（Elizabeth Concordia）、喬瑟夫（Philip Joseph）博士、德文特（Donald R. van Deventer）博士、達拉維奇亞（Enrico Dallavecchia）、漢尼西（Kevin Hennessey）、艾韋特（Jonathan Ewert）、博爾（Debbie Ball）、麥康納（Stephen McConahey）、克萊伯

（Gail Klapper）、豪斯泰德（Steve Halstedt）、克萊沃斯（Monty Cleworth）、史都華（Jamie Stewart）。

我們很幸運能與出版界的夢幻團隊合作。我們要向Missionday出版社的朱斯基維茲（Piotr Juszkiewicz）博士獻上最深的感激之意，感謝他願意相信這個企畫，並在過程中不辭辛勞地與我們反覆討論。謝謝我們的編輯露絲（Emily Loose），她的編輯功力不僅讓這本書更有看頭，也爲我們提供不少寶貴意見，並督促我們建構更完備的想法，以免論述留下任何漏洞；感謝亨里克斯（Barbara Henricks）、彼得森（Pamela Peterson）和吉爾列（Kenneth Gillett）出色的行銷和策略溝通；謝謝出版商AuthorScope，尤其是林德伯格（Gary Lindberg）和威廉絲（Beth Williams）辛苦付出，在書籍的設計、審稿、付印和編列索引等工作上專業負責，讓人放心；還要感謝梅克（Barbara Mack）、克勒米爾（Kyle Kremille）和邦都帕迪耶（Sohini Bandopadhyay）不吝提供編輯和資料研究方面的協助。

最後，要感謝我們各自的家人，是他們的愛以及無止盡的支持和耐心，支撐著我們走完這條漫漫長路，完成這項「居家不宜」的艱鉅任務。這本書獻給他們。

附注

Chapter 1　敏捷任務

1 Scott Anthony, S. Patrick Viguerie and Andrew Waldeck, "Corporate Longevity: Turbulence Ahead for Large Organizations," Innosight Executive Briefing (Spring 2016), http://bit.ly/2VVgGty.

2 此部分內容主要依據Charles Jacoby, Jr., with Ryan Shaw, "Strategic Agility: Theory and Practice," *Joint Force Quarterly*, 81 (2016), http://bit.ly/2QwhxzL，並獲授權使用。

3 第九章會進一步深入說明；部分說法參考史蒂芬·柯維的*The Speed of Trust*（Free Press，於二〇〇六年十月十七日再版）和*Smart Trust*（Free Press，於二〇一二年一月十日再版）。

4 第一次美軍兵力縮減發生在越戰結束後。一九九〇年至一九九一年第一次波灣戰爭勝利，以及一九九一年柏林圍牆倒塌，又是另一次重大的兵力縮編。最近一次縮減兵力，導因自二〇一一年的聯邦預算控制法。雖然伊拉克和阿富汗的嚴重衝突仍未停歇，但兵力結構和戰備資源仍因該法案而有所精簡。

Chapter 2 迷霧、磨擦與渾沌邊緣

5 Leo Tolstoy, *War and Peace* (Project Gutenberg, Book 10, Chapter XXXIII, accessed at http:// bit.ly/2XaGnHX). Context from: Keith Green, "Complex Adaptive Systems in Military Analysis," Institute for Defense Analyses, May 2011.

6 本書中，引述克勞塞維茲的著作內容來源均為：Carl von Clausewitz, *On War*, ed. and trans. Michael Howard and Peter Paret (Princeton, NJ: Princeton University Press, 1976, 1984)。

7 Klaus Schwab, "The Fourth Industrial Revolution: What It Means and How to Respond," *Foreign Affairs*, December 12, 2015.

8 *Operations: Field Manual 3-0*, US Department of the Army.

9 混合戰結合傳統軍事武力和資訊戰、網路戰、代理人戰爭，並涉及支持恐怖主義。

10 感謝聖塔菲研究所（Santa Fe Institute）威廉・崔西（William Tracy）博士對複雜適應系統性質的精闢見解。

11 隨著全球化蔚為趨勢，加上全球政治、經濟、金融和商業環境之間的關係早已密不可分，這種現象益發顯著。

12 Green, "Complex Adaptive Systems in Military Analysis," p. 1-1.

13 James Mackintosh, "$2 Trillion Later, Does the Fed Even Know if Quantitative Easing Worked?" *Wall Street Journal*, September 21, 2017. 量化寬鬆計畫的具體措施，包括購買長年期的固定收益金融工具，讓利率維持在偏低的水準，並使殖利率曲線趨於平坦。決策者希望透過這些舉措，避免社會飽受經濟不景氣和動盪之苦，但長期下來，反而時常造成更大的問題，情勢也更不穩定。

14 Niall Ferguson, "Complexity and Collapse," *Foreign Affairs* (March/April 2010), https://fam.ag/ 2JNK4Am.

15 電腦科技日益發展，最後導致劇烈的社會變遷，是另一種內營力作用（endogenous process）案例。外生性衝擊有時也會助長內營力作用。

16 David M. Keithly and Stephen P. Ferris, "Auftragstaktik, or Directive Control, in Joint and Combined Operations," *Parameters/U.S. Army War College Quarterly* (Autumn 1999), pp. 118–33.

17 Daniel Kahneman, *Thinking, Fast and Slow* (Farrar, Straus and Giroux, 2011), pp. 263, 284– 285, 303, 342, 348–349.

18 Daniel Kahneman and Amos Tversky, "Prospect Theory: An Analysis of Decision under Risk," Econometrica 47, no. 2 (March 1979): pp. 263–292.

19 目前IMAX公司已在紐約和香港公開上市。

20 請參閱 http://bit.ly/2Quzizx。

21 在《藍海策略》一書中，金偉燦和芮妮．莫伯尼將紅海定義為過度擁擠的市場，賣方需要在激烈競爭中殺出一條血路，透過商品化的產品賺取有限利潤。相對來說，藍海則是新興市場，多方競爭的情勢尚未成形。W. C. Kim and R. Mauborgne, *Blue Ocean Strategy* (Harvard Business Review Press; Expanded edition January 20, 2014).

22 例如，敏捷是「陸空整體作戰」軍事準則（AirLand Battle Doctrine）的教條之一，雖然這對敏捷有所定義，但只著重戰術和作戰層面，並未有效區別敏捷和迅捷。*Department of the Army Historical Summary*: FY1989, p. 46.

23 Green, "Complex Adaptive Systems in Military Analysis," p. 1–6.

Chapter 3　敏捷的精髓

24 Hal Gregersen, "Busting the CEO Bubble," Harvard Business Review (March/April 2017), https://hbr.org/2017/03/bursting-the-ceo-bubble.

25 Mark Gilbert, "Devouring Capitalism," Bloomberg.com, August 4, 2017.

26 整本書中，凡是談到兩位作者合作前即發生的案例，「我們」一律是指里歐和他在 Tilman & Company 的團隊。

27 http://www.businessdictionary.com/definition/adaptability.html.

28 https://www.merriam-webster.com/dictionary/resilience.

29 https://www.dictionary.com/browse/flexible.

30 https://en.oxforddictionaries.com/definition/dynamism.

31 不妨比較不同軍種的作戰準則（http://bit.ly/2wyFTiZ）與第七章引述自二〇二〇年《聯合部隊季刊》的願景。

32 McKinsey & Company Publication, "The keys to organizational agility," 2015, https://mck.co/2I5aASo.

Chapter 4 風險智慧

33 Wilson Liu and Martin Pergler, "Concrete steps for CFOs to improve strategic risk management," McKinsey Working Papers on Risk, no. 44 (2013).

34 Leo Tilman, "Risk Intelligence: A Bedrock of Dynamism and Lasting Value Creation," *European Financial Review* (2013).

35 商業情報的幾種有效用途中，資料分析皆需結合主觀的專家判斷。請參閱：Pavel Brusilovskiy and Leo Tilman, "Incorporating expert judgment into multivariate polynomial modeling," *Decision Support Systems* (1996)。

36 里歐也希望能統整以往對風險智慧的各種定義，處理認知和行動方面的限制。例如，大衛．阿普加（David Apgar）的著作《風險智慧》（*Risk Intelligence*，中文名暫譯）將風險智慧視爲從經驗中了解風險的能力，缺乏清楚的行動準則，決策者容易在發生典範轉移和黑天鵝事件時產生盲點。迪倫．伊凡斯（Dylan Evans）認爲，預測未知未來勢必有所缺陷，而風險智慧正是精準預估這些缺陷有多少機率會帶來負面影響的能力；第三章曾探討過相關議題。請參閱：Dylan Evans, *Risk Intelligence: How to Live with Uncertainty* (New York: Free Press, 2012), p. 288。

37 有些組織把競爭對手視爲激發策略風險的因素，因此會採取具體行動來中和競爭者的影響，並利用對方犯下的錯誤。不過，照慣例而言，策略風險一般都會獨立於正規的風險管理之外，另外管理，並與其他風險分開處理。

38 例如，長達二十二年耗資七十億美元後，卡曼契直升機仍未取得商業可行的成果。請參閱：Dan Ward, “Real Lessons from an Unreal Helicopter,” time.com, May 25, 2012, http://bit.ly/2HLaYGR.

39 Stephen Shankland, “IBM grabs consulting giant for $3.5 billion,” cnet.com, July 31, 2002, https://cnet.co/2Qwj6h7.

40 我們的方法與International Standard ISO 31000 “Risk management－Principles and Guidelines” (2009)所述的風險定義相互呼應，彼此也能截長補短，相輔相成。

41 Jessica Silver-Greenberg and Peter Eavis, “JPMorgan Discloses $2 Billion in Trading Losses,” nytimes.com, May 10, 2012.

42 風險是發生負面結果的機率，或是機率分布圖的左半側。以此觀點來看，股市投資可以說是弱點，因爲投資的價值可能流失。然而，同一項股市投資也可以視爲能創造獲利的資產，也就是機率分布圖的右半側。換句話說，由於有同樣的機會因素居中運作（可視爲弱點，也能視爲資產），才能既產生正面結果，又導致負面結果。

43 面對不確定性時，組織在實務上時常會委託專家運用主觀判斷，針對未曾發生的未來事件賦予發生機率。前幾章已談過這麼做的危險所在。

44 透過不同資料和假設，我們可以了解在不同環境下，與風險方程式相關的機率分布會如何變動，影響著風險的機率和結果。

45 Stephen Stapczynski and Chisaki Watanabe, “Japan Court Allows Nuclear Reactor to Reopen in Boost to Abe’s Energy Push,” bloomberg.com, September 25, 2018, https://bloom.bg/2JKzZ7d.

46 資料來源：東京電力公司福島核電站事故調查委員會（Investigation Committee on the Accident at the Fukushima Nuclear Power Stations of Tokyo Electric Power Company），http://bit.ly/2WjpCcc。

Chapter 5 認清事務本質

47 貝爾斯登公司陷入低潮時，凱恩個人就損失了超過十億美元，他除了未確實理解公司所屬的產業類型之外，也親身示範了康納曼提出的一種現象，值得玩味。凱恩不成比例地持有自家公司的股份，當然還有其他高階主管和他一樣，而他們的共通點，就是帶領公司走向滅亡。這些高階主管之所以願意承擔高風險，並非因爲他們掌管的是別人的錢財，而是因爲他們通常超過合理範圍地過度自信（Kahneman, *Thinking, Fast and Slow*, p. 258）。

48 貝爾斯登公司和美林證券（Merrill Lynch）分別由更大的企業收購。雷曼兄弟破產，將全球經濟和金融體系推向崩潰的邊緣。高盛集團的資產負債表體質較佳，又因爲有效管理危機，再加上投資人和監管機關提供些許協助，使其能順利度過危機（詳見第十章）。摩根士丹利（Morgan Stanley）似乎只是運氣好，因爲政府只讓唯一一家投資銀行高盛存活下來的話，會太引人注目。

49 在《金融達爾文主義》一書中，里歐將此稱爲風險導向的商業模式，以此在風險與主要績效表現（例如成長、獲利、股權估值）之間建立起直接關係。

50 基於商業機密考量，此案例的部分細節經適度修改。

51 如果擔憂的風險之間彼此互不影響，且能透過多角化經營來妥善管理，這種作法就能接受。但根據我們的經驗，複雜的大型組織很少是這種情形。

52 統計期間：二〇一二年至二〇一六年。資料來源：http://bit.ly/2I3iFqM。

53 NFL Concussions Fast Facts, cnn.com, August 26, 2018, https://cnn.it/2JMedA5. Mark Freeman, "New Helmet Rule Could Make NFL Unrecognizable," bleacherreport.com, http://bit. ly/2HI7i8F.

54 最早，靜態商業模式的概念是出自我們爲資產管理人提供的諮詢服務。舉例來說，退休基金或大學募款基金的投資組合，通常包括股票和債券。如果經濟預期會衰退，基金投資委員會可能會決定賣掉奢侈品或汽車製造商的股票，以這些收益買入防禦型股票，像是水電或日常必需品的製造商。同樣的邏輯，高收益公司債可能會換成美國公債。如果市場預期經濟會回溫，委員會可能會逆向操作上述交易。注意，雖然持有的個股不同，但證券和固定收益市場的風險暴露**趨勢**會維持不變。因此，儘管委員會看似思慮周到地重新調整資產，但景氣不佳時，基金的績效會隨著整個股市的價值縮水而表現疲弱。有鑑於退休基金投資的資產和負債之間時常有所落差（退休基金投資組合的時間長度通常會比負債短很多），利率調降可能會衍生更多損失。

55 Alan Greenspan, "Never Saw It Coming," *Foreign Affairs*, November 2013.

56 試圖出售資產的舉動又會進一步加速價格下滑。

57 資訊來源如下。營收和收入解析：公司揭露。全球數位廣告收入占比及廣告商業模式：Rani Molla, "Google leads the world in digital and mobile ad revenue," vox.com, July 24, 2017, http://bit.ly/2KbuUEs。營收組成：Ben Parr, "The Google Revenue Equation, and Why Google's Building Chrome OS," mashable.com, July 11, 2009, http://bit.ly/2KeVUCL。公司介紹：Wikipedia。

58 Suzanne Vranica, "Amazon's Rise in Ad Searches Dents Google's Dominance," *Wall Street Journal*, April 4, 2019, https://on.wsj.com/2EE0A1p.

59 John McKinnon and Jeff Horwitz, "HUD Action Against Facebook Signals Trouble for Other Platforms," *Wall Street Journal*, March 28, 2019, https://on.wsj.com/312oKwq.

60 這段所引用的數據均來自：Austan Goolsbee and Alan Krueger, "A Retrospective Look at Rescuing and Restructuring General Motors and Chrysler," *Journal of Economic Perspectives* 29, no. 2 (Spring 2015): pp. 3–24, http://bit.ly/2Wrbd1Z。

61 請參閱Steven Metz, "Learning from Iraq: Counterinsurgency in American Strategy," SSI/US Army War College, January 2007, http://bit.ly/2EFJpNe。

62 Tom Shean, "How Wachovia came crashing down," pilotonline.com, Oct. 5, 2008, http://bit.ly/2Wv6sEl. "Rick Rothacker, $5 billion withdrawn in one day in silent run," *The Charlotte Observer*, Oct. 11, 2008.

63 Ashley Parker, “Romney Campaigns at Failed Solyndra Factory,” nytimes.com, May 31, 2012, https://nyti.ms/30OyUAF.

64 索林卓公司在二〇〇九年和二〇一〇年創下超過一億美元的營收後，情勢突然轉變。索林卓的競爭對手所用技術的某種主原料，價格大跌將近九成，促成新的製造成本結構。索林卓的技術隨即喪失經濟效益。

65 http://bit.ly/2MfXRSg.

66 Leo Tilman and Al Puchala, “Risk Intelligence: A Framework for Active Credit Portfolio Management and Policy Effectiveness,” Presentation to the Federal Credit Policy Council, US Treasury, February 7, 2014.

67 感謝當時美國財政部副秘書長瑪麗・米勒（Mary Miller）協助釐清這整個過程。

68 Robert Kegan, *In Over Our Heads: The Mental Demands of Modern Life* (Cambridge: Harvard University Press, 1994), as well as J. G. Berger, B. Hasegawa, J. Hammerman and R. Kegan, “How consciousness develops adequate complexity to deal with a complex world: The subject-object theory of Robert Kegan,” (2007). 電子版網址：http://bit.ly/2QANqY6。感謝同事大衛・諾布爾（David Noble）大方分享他對這個主題的見解。

Chapter 6 敏捷的風險手段

69 https://bbc.in/2I7M1o0.

70 http://bit.ly/2WDf500.

71 http://bit.ly/2HLdyg1.

72 http://bit.ly/2QwY7e0 和 http://bit.ly/2Mh5ojy。

73 高階軍事指揮官在不同戰場輪調的機制相當重要，因爲從個人深度參與的過程中，他們獲得的視野可能會與部屬呈報的情報截然不同。軍中的「指向望遠鏡」（directed telescope）可以大幅改善這個過程。「指向望遠鏡」是指編制一支高水準團隊，在透析迷霧和磨擦的過程中，專責擔任軍事分析師蓋瑞・葛里芬（Gary Griffin）所謂領導者大腦的「延伸」；http://bit.ly/2I7dXZb。

74 有趣的是，如同物理中的觀察者效應（observer principle）一樣，觀察行爲發生之處可能會影響我們所研究的現象，我們增進風險智慧的行爲可能意外影響周邊的環境，使迷霧和磨擦進一步加劇；http://bit.ly/2I7dXZb。

75 愈來愈常見到僞裝成科學的精緻宣傳手法，http://bit.ly/2XcVl0d。

76 量化風險是指換算成經濟資本的形式呈現，亦即個別和整體風險年度機率分布的第五個百分位數。

77 顏色和風險級別，與稍後很快就會提到的治理原則有關。

78 在風險的概念中，潛在結果的離散程度（即易變性）是一種內含的特質。根本上容易產生變化的風險，可能以嚴重損失或異常獲利等形式表現，至於較不容易變動的風險，其正面和負面結果則較爲有限。如前所述，正面和負面結果的離散表現不一定對稱，有些風險可能好處多過壞處，有些風險則完全相反。整體風險評估的結果，取決於對易變性的假設，以及個別風險之間的相互關係。風險智慧的這個面向尤其複雜，因爲環境的變化可能大幅改變不同風險之間，乃至風險與易變性之間的關係。舉例來說，經濟動盪和金融危機期間，系統性財務風險通常更容易改變。相較之下，若長期處於風平浪靜的時局，時常能發現不同風險因素之間的對應關係逐漸鬆綁，各因素也較不容易變動。

79 將所預估的風險底線對照不同時間點的歷史紀錄和假設情境，即可一目瞭然。這能顯示，所有風險要素（包括弱點、發生機率、結果、易變性和相互關係），都會隨著環境和時間不斷變動。另外，過程中也能加入資料品質評估工作。若能精細衡量財務風險，組織的風險暴露情況通常能對應到市場因素（例如利率、股市指標，或是表示某追蹤對象的波動指數）的機率分布概況。除了風險雷達所顯示的風險整體樣貌之外，這些驅動風險的市場因素也是有效的預警指標。

80 例如，顯示黃色就應召開中階主管會議，橘色需召集高階主管開會，紅色則應召集董事會商討對策。

81 證券可依國家、產業和資本額進一步劃分；利率可依國家和發展程度來區分；信用風險則可依國家、產業部門和發展程度來區別。如需了解如何適當授權利害關係者使用這類風險資訊，可參閱 Tilman, "Corporate Risk Scorecard," *Barrons*, http://bit.ly/2wGIXde。

82 感謝布魯西洛夫斯基博士大方分享他對不確定因素分類的想法。

83 某些情況下，這個過程可再結合主題專家的專業判斷和資料分析，提高成效。感謝歐文．迪爾曼（Owen Tilman）在以下方面的精闢見解：一、風險智慧和風險管理者在產生情境時能否扮演富有創造力的角色；二、對環境的認識和整備程度在發展敏捷特質時所應扮演的角色，以他的說法來說，就是：「環境應該是敵是友。」

84 http://bit.ly/2YVf4Sn; https://cnn.it/2W3whaF。

85 縱使基因編輯技術不斷演進，但相關技術也可能遭有心人士濫用，針對人體或農業研發人造傳染病毒，這項考量可一併列入風險雷達之中。

86 美國企業研究院（AEI）的「重大威脅計畫」（Critical Threats Project）就是特定領域專業的具體實例。

87 這裡可以援用傳統對於「最佳」的概念：在特定風險程度下獲致最佳成果，或是以最低的風險達成特定結果。

88 組織各層級在決策和分配資源時，若能適時運用風險偏好和風險預算的概念，雖然成效卓絕，但也困難重重。從本質上來說，風險總量是量化和質性因素的總和，而且會同時涉及風險和不確定因素。隨著風險管理領域不斷進步，加上電腦運算效能快速提升，想要彙整財務、營運、網路安全等諸多方面的風險暴露概況，形成有意義的摘要型措施（例如經濟資本），愈來愈有可能成真。

89 "FEMA Seeks to Shift Risk," *Wall Street Journal*, April 5, 2018.

90 http://bit.ly/2WeqdAX.

Chapter 7 指揮、管制與必要賦權

91 Stephen Bungay, "The road to mission command: The genesis of a command philosophy," *The British Army Review*, 2005, p. 137, as quoted by Keith Stewart, "The Evolution of Command Approach," http://bit.ly/2Z1P2gt.

92 Trevor Dupuy, *The Evolution of Weapons and Warfare* (Indianapolis: Bobbs-Merrill, 1980), as quoted by Keith Stewart, "The Evolution of Command Approach," p. 4.

93 Keith Stewart, "The Evolution of Command Approach," p. 5.

94 http://bit.ly/2VYFi4D.

95 原出處爲 Joint Publication 3-0, *Joint Operations*，引用於 https://mwi.usma.edu/1883-2/。

96 這裡的情況是指行動即將準備展開「續集」，或需接續執行其他任務。預先考量「後續發展」是指揮官的基本職責。

97 http://bit.ly/2XdxHkf.

98 再舉一個例子：二〇〇七年，查爾斯擔任美國陸軍第一軍團指揮官，將該軍團重新整頓成首要作戰組織，二〇〇九年更將第一軍設定爲伊拉克戰爭的作戰總部。各項任務前後持續數年之久（從反游擊戰階段後，持續減少武力衝突、邁向民主投票之途，乃至美軍和伊拉克軍隊之間建立互信的夥伴關係，使美軍最終能功成身退），加上各任務的規模、範圍和進展速度不盡相同，因此從最高作戰層級確立指揮官意圖，力求跨國部隊合計超過十三萬五千名的官兵均能清楚了解及認同目標，可謂至關重要。

99 Leo Tilman, Stephen Kosslyn and G. Wayne Miller, "Brain as a Business Model," *European Financial Review* (2014) 一書強調：「目前科學界尚無證據可以證明，人類的左腦專司分析和邏輯能力，右腦負責直覺和創造力。這比較像是一種文化迷思。左右腦並非獨立自由運作，沒有人是全然仰賴左腦或右腦。」該書部分內容散見於本節各處，本書已獲授權引用：http://bit.ly/2KuVKHN。

100 請參閱 https://amzn.to/2JKT4Go和 Tilman, Kosslyn and Miller, "Brain as a Business Model"。前者的原始框架是由柯斯林所提出，後者則是由迪爾曼和柯斯林共同撰寫。；米勒是兩本著作的共同作者。

101 http://bit.ly/2Xm4Eep。

102 有鑑於所有團隊成員都有主要支配的認知模式，籌組高效的互補團隊時，這套認知模式觀點也能提供幫助。舉例來說，一般時常將風險經理、情報員和會計師形容爲據實以報、擅於歸納、悲觀主義、「認清現實」的感知者。如果領導者本身偏向行動者或刺激者模式，其實可以時常授權感知者團隊爲其提供資訊及警示，如此互助合作之下，整體效益往往會遠大於由單一模式單打獨鬥。

103 同樣地，廣告商和電影公司經常強調由下而上的去中心化創意發想過程，有人將此稱爲「有效運用各式各樣的才華」。

Chapter 8 策略願景實踐

104 回想一下臉書在二〇一八年爆發假帳號和侵犯使用者隱私等醜聞時的作爲。

105 本章中，與亞馬遜公司相關的引述，皆來自該企業在一九九七年給股東的公開信和其他公開揭露之資料。

106 麥肯錫（https://mck.co/2MdwuYR）引用資料來源：John Graham, Campbell Harvey

and Shiva Rajgopal, "Value destruction and financial reporting decisions," *Financial Analysts Journal* 62, no. 6 (2006): 27–39。

107 如果是針對商譽或法律風險，這充其量只是表達組織的價值觀和道德標準。然而，若是套用到金融或商業風險，這種防禦作爲會連帶抵消風險的正面作用。簡言之，決策者會因而失去攸關日後發展的風險手段。

108 此原則有助於防止企業之間「削價競爭」，破壞體制，或是出現金融市場所謂的「擁擠交易」（crowded trades），意即交易者無法從固有的風險中獲得充分報酬，而且因爲交易者同時蜂擁而出，導致交易蒙受嚴重損失。

109 Alan C. Greenberg, *Memos from the Chairman* (Workman Publishing Company, 1996), p. 97.

110 Paul Zak, *Trust Factor: The Science of Creating High-Performance Companies* (AMACOM, 2017), p. 76.

111 摘錄自「王牌」葛林柏格所著的《董事長備忘錄》（*Memos from the Chairman*，中文名暫譯）。

112 例如，由於以人工介入的方式整合不同類型系統的修補作業，勢必會造成效率低落，且將衍生營運風險，這些都是組織無法接受的嚴重問題，因此，組織可能在程序的引導下著手處理工業整合工作。

113 http://bit.ly/2K9FUlw.

114 爲了反映所承擔風險的本質，該公司後來在投資程序和組織架構等方面，改採更集中化的管理措施，在資產分配決策中，賦予整體風險指標更重要的地位。

115 若領導者需對風險和結果負責，但無法確立適當的自主空間，這類情況也適用此處的討論。舉例來說，誠如第五章所述，美國政府單位是全球承擔風險量數一數二的組織，編列數十億美元的貸款和投資推動公共政策，可說是家常便飯。他們的自主空間會依撥款預算和活動範圍大致劃定，但基本上擁有很大的自由，可以自行判斷風險量。美國財政部是公共資產的最高主管單位，也是相關風險的承受方，但無法管制其他單位的活動，也無法加諸其認爲適當的風險限額。近年來，美國財政部開始釐清國家的整體風險組合，是美國增進風險智慧和敏捷的過程中極其重要的舉措。若資產所有人聘請各種獨立投資經理人來協助管理，時常也會發現自己面臨類似的處境。這種情況下，組織可能需採取「覆疊管理」（overlay）策略，從組織層級重新平衡風險組合，詳情可參閱Bennett Golub and Leo Tilman, *Risk Management: Approaches for Fixed Income Markets* (Wiley: 2000), https://amzn.to/31fv3gj。這種方法通常用於財務風險管理。

116 像是滅火、搜救或供水。

117 比起典型的企業實務相對缺乏動態調整的能力，這是鮮明的對比。企業組織架構的宗旨，在於反映公司目前當下的商業模式和遵行的最佳實務。最終，這些都會體現於程序、策略計畫、指標和文化等層面上。除非公司願意在環境改變時大幅重新調整組織架構（但這可能相當麻煩），否則將會有損其敏捷特質。

118 http://bit.ly/2JLpel0.

Chapter 9　決斷力

119 H. R. McMaster, *Dereliction of Duty: Johnson, McNamara, the Joint Chiefs of Staff, and the Lies That Led to Vietnam* (Harper, 1997).

120 Harry Summers, *American Strategy in Vietnam: A Critical Analysis (Dover Publications: 2012) and On Strategy: The Vietnam War in Context* (Presidio Press: reissue edition 2009).

121 某個知名案例中，策略性資產分配是決定傳統資產經理人整體績效最有力的因素。

122 John Rhodehamel, *George Washington: The Wonder of the Age* (Yale University Press: 2017).

123 「領導者迷失方向」的說法不斷出現。審理美國「過橋門」（Bridgegate）醜聞案的法官，在判決書中也使用類似的說法，指出被告「爲失去方向的文化和環境所蒙蔽」，https://nyp.st/2VZvDuB。

124 近來相關的公開案例爲叫車服務先驅Uber Technologies，該公司遭控訴的不當行爲包括產業間諜、賄賂、妨礙司法公正，以及職場性騷擾。雖然這些問題或許能歸因於該企業的政策和管制措施，但缺乏「眞北」似乎是更重要的原因。Uber原本的核心價值是強調員工要「著迷於」服務顧客、長期思考、大膽冒險、勤奮工作，並崇尚創新、啓發和毅力。但對品格和道德的要求完全付之闕如。該公司只有在二〇一七年底修訂核心價值，內容寫道：「我們要做正確的事，以上。」https://on.wsj.com/2W2GIei、https://on.wsj.com/2Mdy7FX。

125 Jonathan Haidt, *The Righteous Mind* (Vintage: 2012), pp. 205–206, 209–210, 219–220.

126 http://bit.ly/2I9OQER.

127 http://bit.ly/2XdPF5V.

128 Ray Dalio: http://bit.ly/2Z0rUir; Jeffreyf Sonnenfeld: http://bit.ly/2WgskUX; Amazon.com: http:// bit.ly/2YRVYMQ; Salesforce: http://bit.ly/2WgsrQn.

129 David Hackett Fischer, "Washington's Crossing" and C. DeMuth "The Method in Trump's Tumult," *Wall Street Journal*, February 11–12, 2017.

130 Kahneman, *Thinking, Fast and Slow*, pp. 212, 160. 康納曼提出的「規畫謬誤」（planning fallacy）就是很好的例子。在策略或緊急應變計畫中增加額外細節，情境會變得更加條理分明，貌似可信，卻離事實更遠。

131 https://amzn.to/30OFze9.

132 當然，除了無心之過，刻意違反常規者必須一律果斷懲處。違規事項包括假借誠實透明之名企圖侮辱或貶抑他人，這必定有損實事求是、全心投入和彼此信任的風氣。

133 感謝前幾章提到的貝瑞少校，提供這項觀察。

134 這方面已有多種跨領域作法證實有效，像是最早源自國安領域的「紅隊／藍隊」戰場模擬法（http://bit.ly/2HJwMm4）以及「事前驗屍法」（預設計畫失敗並展開典型檢討工作的一種正式分析法，http://bit.ly/2KdBdHx）。

135 Charles Darwin, *The descent of man, and selection related to sex* (London: John Murray). 我們合作的美國知名企業就是很貼切的案例。該公司很驚訝地發現，員工缺乏創新並非因爲擔心績效獎金受影響或升遷受阻，而是害怕在上司和同事面前「丟臉」，http://bit.ly/2I5nAra。

136 Kahneman, *Thinking, Fast and Slow*, pp. 413 and 225.

137 威訊公司在高盛投資人大會上的簡報資料（2017）。

138 http://bit.ly/2Wefarg。有趣的是，席勒也指出，現代資訊科技和社群媒體造成的「後眞相」文化，更容易受非事實的敘述所影響。敘事心理學也與心理學家所謂的框架概念有關，具體例子請見塞勒（Thaler）、康納曼和塔伏斯基等人的著作。

139 http://bit.ly/2WwUlXB.

140 Darwin, *The descent of man*, p. 88.

141 Zak, *Trust Factor: The Science of Creating High-Performance Companies*，相關論述散見於書中不同章節。

142 Zak, *Trust Factor: The Science of Creating High-Performance Companies*, pp. 45, 50. 扎克（Zak）也指出，若當事人定時收到表現回饋，就能使其建構大腦的神經路徑，有助於當事人調整行爲以利達成目標。其他心理學研究亦證實，顯著缺乏自信者的工作成果通常較差，若能立下對卓越的期許，有助於提升績效表現。此外，切合實際的期許也很重要，因爲試圖達成不合理的目標，往往意味著需做出不合道德的選擇，尤其當員工感受到壓力，認爲就算不惜代價也要交出工作成果，更容易誤入歧途。

143 Kahneman, *Thinking, Fast and Slow*, pp. 46, 217, 418.

144 Haidt, *The Righteous Mind*, pp. 74–76, 90–91.

145 Haidt, *The Righteous Mind*, pp. 102, 144, 238.

146 https://on.wsj.com/2Kc63Ab.

147 這些道德基礎的重要程度，取決於組織業務的性質和主流文化（例如，社會較爲注重個人權益或群體秩序），因此武裝部隊、執法機關和消防單位的成員，願意捨棄特定權利，加入忠誠、可靠、團結等精神重於個人自由的組織。

148 部分預防策略會以加強及強制實施消防準則的形式來體現。

149 這不表示消防單位的領導者並未經過嚴格檢定和篩選。此處的重點在於，基層人員通常傾向效力他們敬重和信任的領導者，亦即「追隨構成領導」的真實體現。

150 消防單位對起火建築物開始採取不同的滅火方法，就是很棒的例子。以往採取的作法，是立即派遣消防人員進入建築物評估情況。但研究顯示，如果以正確角度搭配正確的噴嘴形式向天花板灑水，更能有效抑制火勢，並提升消防人員的安全。基層之所以反對調整策略，部分原因是其固守長久以來消防員勇於冒著生命危險救人的自豪感，加上原本的方法早已實施多年且效果顯著，才會引發反對的聲浪。不過，由於消防界盛行遵從上意的文化，加上領導階層適度運用職權，在證據確鑿且顧及文化的前提下溝通變革的必要之處，最終才取得廣泛共識。

151 Stephen M. R. Covey, *The Speed of Trust.*

Chapter 10 靈活執行力

152 除非另有說明，否則本節所有引述均取自羅斯福總統的演說原稿。

153 這句和對馬歇爾將軍決策的相關論述皆根據：http://bit.ly/2I83oF4。

154 http://bit.ly/2VUX5tq.

155 同上。

156 http://bit.ly/2Keez1U.

157 出自Prospect.org，http://bit.ly/2VUX5tq。

158 https://cnn.it/2wCrxOZ.

159 這些保險策略需配合大規模投資，並透過信用違約交換來執行。

160 http://bit.ly/2Mguu2f.

161 http://bit.ly/2XdPJTm.

162 https://on.wsj.com/2WjDXdS.

163 https://on.wsj.com/2wtJj6G.

164 Yaakov Katz and Amir Bohbot, *The Weapon Wizards* (St. Martin’s Press, 2017), p. 8, https:// amzn.to/2I83E70.

165 “Montenegro: Russia involved in attempted coup,” By Milena Veselinovic and Darran Simon, CNN, February 21, 2017. https://cnn.it/2XilCKs; https://cnn.it/2VYVDWU; https://on.wsj.com/ 2Weg1Iu; https://on.wsj.com/30V3cl6; http://bit.ly/2W1SmpY; https://on.wsj.com/30LUBkG; https://on.wsj.com/2HKUA9l.其他參考資料：Rumer and Weiss, “Putin’s Russia is Going Global”, *Wall Street Journal*, August 5–6, 2017。

166 另請參閱：https://cnnmon.ie/2WwWzWX。

167 Nathan Hodge and Julian Barnes, "The New Cold War Pits a US General Against His Longtime Russian Nemesis," Wall Street Journal, June 16, 2017. https://on.wsj.com/2I5qfBa.

168 同上。

Chapter 11 敏捷規畫

169 當時，發一封電報最多可能要價二十美元。

170 包括與美國的沃爾格林（Walgreens）、英國的WH史密斯（WH Smith）和法國的FranPrix合作，在各據點設立服務機台。

171 二〇一一年至二〇一六年間，合規預算增長幅度超過二〇〇%。

172 這是截至二〇一六年底的總下載次數。現在，WU.com交易有超過六成是透過行動裝置觸發。

173 US Department of the Navy, Naval History and Heritage Command. "D-Day, the Normandy Invasion," June 6–25, 1944.

174 http://bit.ly/2wurx3n.

175 Andrew Whitmarsh, *D-Day in Photographs* (Stroud: The History Press, 2009).

176 Anthony Cave Brown, *Bodyguard of Lies: The Extraordinary True Story Behind D-Day*.

(Guilford, CT: Globe Pequot, 2007, 1975).

177 Antony Beevor, *D-Day: The Battle for Normandy* (New York; Toronto: Viking, 2009).

178 https://nyti.ms/2KefmzU.

179 資料來源：Order of the Day, National Archives; "in case of failure:" http://bit.ly/2JO20Ld; NYT: https://nyti.ms/2VWJvpy。

180 http://bit.ly/2wqVCAD.

181 Martin Gilbert, *The Second World War: A Complete History* (New York: H. Holt, 1989). https:// amzn.to/2WetrEC.

182 Steven Zaloga, *Armored Champion: The Top Tanks of World War II* (Mechanicsburg, PA: Stackpole Books, 2015), https://amzn.to/2MiJjkN.

183 多虧麥克・戴維斯（Mike Davis）博士的提點，我們才能注意到這個敏捷實例，此外也感謝他提供寶貴見解。

184 Stephen Ambrose, *D-Day: June 6, 1944, The Climactic Battle of World War II* (New York: Simon & Schuster, reprint edition 1995).

索引

◎A～Z

Alphabet公司－p.128, 129, 132
AT&T公司－p.147
CVS藥局－p.147
IMAX公司－p.30, 53-62, 77, 86
Instagram－p.129
Salesforce.com－p.238
Uber公司－p.147, 335
Warnings!－p.111, 246
WeWork公司－p.147
Zillow公司－p.147

◎2劃

人工智慧－p.15, 46, 105, 144, 160, 165, 166
《人類源流》*The Descent of Man*－p.247
十字軍坦克－p.97

◎3劃

《上腦與下腦》*Top Brain,Bottom Brain*－p.195
大君主作戰行動 Operation Overlord－p.24, 296-310
大衛・阿普加 David Apgar－p.320
大衛・凱斯利 David Keithly－p.49
不作為偏誤 bias for inaction－p.50, 52
中央情報局 CIA－p.190, 280

◎4劃

丹尼爾・康納曼 Daniel Kahneman－p.50, 51, 240, 250, 322, 335, 336
丹佛 Denver－p.219, 221, 223
公平住房法案 Fair Housing Act－p.131
分散式帳本技術－p.15
厄爾・南丁格爾 Earl Nightingale－p.102, 103
厄爾斯特聯盟黨 Ulster Unionist Party－p.151

《反脆弱》*Antifragile*—p.103
反脆弱性 antifragility—p.85-87
尤吉・貝拉 Yogi Berra—p.71
巴克萊全球基金顧問 Barclays Global Investors—p.71
巴黎和平協議 Paris Peace Accords—p.270
心理表徵—p.235
方向式指揮—p.183, 184
比爾・喬治 Bill George—p.234

◎5劃

《失職》*Dereliction of Duty*—p.230
世界經濟論壇—p.45
主權債務—p.49, 117, 177
以色列—p.170, 198, 276
北大西洋公約組織 NATO—p.171, 274
北美空防司令部 NORAD—p.158, 178
北愛爾蘭和平進程 Northern Ireland Peace Process—p.30, 72
北愛衝突 The Troubles—p.150, 151
卡崔娜颶風 Katrina—p.30, 79
卡曼契直升機 Comanche—p.97, 320
去中心化—p.25, 35, 64, 183, 184, 188, 189, 197, 199-201, 206, 207, 209, 211, 213, 218, 226, 231-233, 237, 249, 268, 269, 309, 331
史丹利・麥克里斯托 Stanley McChrystal—p.224
史考特・海斯 Scott Heiss—p.221
史普尼克衛星 Sputnik—p.186
史蒂芬・安布羅斯 Stephen Ambrose—p.308
史蒂芬・邦傑 Stephen Bungay—p.182
史蒂芬・柯斯林 Stephen Kosslyn—p.190, 191, 195, 216, 331
史蒂芬・柯維 Stephen M. R. Covey—p.259, 315
史蒂芬・費里斯 Stephen Ferris—p.49
史達林格勒 Stalingrad—p.193
尼斯・布萊爾 Dennis Blair—p.190
尼爾・弗格森 Niall Ferguson—p.49
布萊德・威許斯勒 Brad Wechsler—p.55, 57
未來戰鬥系統—p.97
瓦列里・格拉西莫夫 Valery Gerasimov—p.282
白宮行政管理與預算局 OMB—p.143
皮克斯 Pixar—p.56

◎6劃

任務式指揮 Mission Command—p.31, 35, 184
企業工程—p.197, 216, 225, 249
伊拉克—p.30, 132, 135-137, 217, 246, 278, 279, 281, 315, 330
伊朗核協議—p.110, 279
伊斯蘭國 Islamic State—p.274
全食超市 Whole Foods—p.147
吉米・凱恩 Jimmy Cayne—p.116, 117, 213, 322
地緣政治—p.15, 45, 49, 69, 82, 101, 106, 144, 155, 160, 165, 167, 169, 165, 281, 310
多角化經營—p.121, 127, 323
《好人總是自以為是》*The Righteous Mind*—p.235
安泰人壽 Aetna—p.147
托爾斯泰 Tolstoy—p.42, 182
朱利安・巴恩斯 Julian Barnes—p.280
百事公司 PepsiCo—p.146
百視達 Blockbuster—p.122
米特・羅姆尼 Mitt Romney—p.142
自主空間—p.189, 199-201, 205, 211, 213-217, 225, 232, 237, 241, 258, 259, 269, 273, 293, 297, 333
艾迪 R. P. Eddy—p.111, 113, 246
艾倫・葛林柏格 Alan Greenberg—p.212, 213, 332
艾倫・葛林斯潘 Alan Greenspan—p.126
艾瑞克・泰德 Eric Tade—p.223
艾德蒙・菲爾普斯 Edmund Phelps—p.104
行為偏誤—p.109, 110, 244
行動者—p.191, 195, 196, 216, 217, 331
西爾斯百貨 Sears—p.97
西聯匯款 Western Union—p.30, 284-290

◎7劃

亨利・季辛吉 Henry Kissinger—p.270
《你整我，我整你》*Trading Places*—p.116
克里斯多福・狄謬思 Christopher DeMuth—p.239
克勞斯・史瓦布 Klaus Schwab—p.45
克勞塞維茲—p.29, 42, 44, 47, 51, 64, 80, 81, 105, 128, 154, 183, 223, 230, 298, 316
利比亞—p.274, 275
希克梅特・厄賽克 Hikmet Ersek—p.285
《快思慢想》*Thinking Fast and Slow*—p.240

決斷力—p.33-35, 52, 77, 78, 80, 83, 179, 209, 220, 227, 229-259, 291, 334
狄奧多・羅斯福 Theodore Roosevelt—p.52
系統性風險—p.121, 124, 127, 173, 177
谷歌 Google—p.128-130, 147
貝萊德公司 BlackRock—p.30, 71, 72
貝爾法斯特協議—p.152
貝爾斯登公司 Bear Stearns—p.30, 116, 117, 122, 132, 138, 212, 322

◎8劃

事實論壇 The Forum of Truth—p.37, 238-246
亞利桑納號戰艦 USS Arizona—p.102
亞馬遜公司 Amazon—p.130, 147, 207, 208, 210, 213, 238, 331
依任務領導—p.183
刺激者—p.191-192, 216, 331
奈特氏不確定性 Knightian uncertainty—p.104
奈森・賀吉 Nathan Hodge—p.280
房地美公司 Freddie Mac—p.30, 133, 140, 144
房利美 Fannie Mae—p.143-144
拉德爾 Rudder—p.306
明富環球公司 MF Global—p.133, 140, 193, 242
易速傳真 Equifax—p.130
東京電力公司—p.111-113, 321
《武器與戰爭的演化》*The Evolution of Weapons and Warfare*—p.183
法蘭克・奈特 Frank Knight—p.104, 105
波克夏海瑟威公司 Berkshire Hathaway—p.269
物聯網—p.15, 165
狀態意識—p.50, 74, 81, 85, 86, 95, 141, 155, 179, 189, 191-193, 195, 239, 242, 246, 255, 277, 295
《玩具總動員》*Toy Story*—p.55, 56
盲飛 flying blind—p.122
社群媒體—p.43, 48, 158, 171, 280, 336
肯・湯姆森 Ken Thomson—p.138, 139
芮妮・莫伯尼 Renée Mauborgne—p.58, 318
花旗集團—p.125, 139, 191, 192, 271
金西金融 Golden West Financial—p.139, 140
金偉燦 W. Chan Kim—p.58, 318
金融市場—p.47, 49, 71, 105, 121, 127, 155, 162, 168, 172, 284, 288, 310, 322

《金融達爾文主義》*Financial Darwinism*—p.27, 104, 123, 322
《門口的野蠻人》*Barbarians at the Gate*—p.253
《阿凡達》*Avatar*—p.53, 61
《阿波羅 13 號》*Apollo 13*—p.196, 197
阿富汗—p.217, 278, 219, 315
阿默思・塔伏斯基 Amos Tversky—p.51, 336
《非理性繁榮》*Irrational Exuberance*—p.176

◎ 9 劃

保羅・扎克 Paul Zak—p.211, 337
《信任因子》*Trust Factor*—p.221
信貸計畫—p.30, 133, 143
哈利・薩默斯 Harry Summers—p.230
威訊公司 Verizon—p.244, 336
指揮官意圖—p.185, 186, 189, 195, 199, 215, 222, 226, 231, 232, 235, 258, 269, 287, 291-293, 295, 300, 306, 310, 330
指揮與管制—p.34, 35, 79, 96, 179, 182-184, 218, 225
挑戰者號太空梭—p.96, 109
施里芬計畫 Schlieffen Plan—p.292
《星際大戰》*Star Wars*—p.53
查克・普林斯 Chuck Prince—p.125, 191, 192
柯達 Kodak—p.97
珊迪颶風 Sandy—p.30, 79
約瑟夫・奈伊 Joseph Nye—p.234
約翰・貝瑞 John Barry—p.197
約翰・斯科菲爾德 John Schofield—p.236
約翰・羅德哈莫 John Rhodehamel—p.233
約翰・甘迺迪 John F. Kennedy—p.186, 187
紅海—p.57, 318
美林證券 Merrill Lynch—p.322
美國北方司令部 USNORTHCOM—p.79, 158, 178
美國能源部 DOE—p.142
美國國家反恐中心 NCTC—p.169
美國國家安全局 NSA—p.190
美國國家航空暨太空總署 NASA—p.108, 109, 197, 243
美國國際開發署 USAID—p.217, 265
美國國際集團 AIG—p.96
美國陸軍軍事史中心—p.263
美國復甦與再投資法案 American Recovery and

Reinvestment Act — p.142
美國運輸安全管理局 TSA — p.178
美國聯邦緊急事務管理署 FEMA — p.79, 178
美國證券交易委員會 SEC — p.252
美聯銀行 Wachovia — p.30, 132, 138-140, 271
耶拿 Jena — p.182
耶穌受難日協議 Good Friday Agreement — p.152, 154
英國石油 British Petroleum — p.96
迪倫・伊凡斯 Dylan Evans — p.320
韋恩・米勒 G. Wayne Miller — p.195, 331
風險方程式 — p.96-101, 103, 104, 108, 109, 112, 113, 122, 125, 138, 141, 155, 175, 177, 178, 207, 242, 243, 246, 267, 276, 321
風險限額 — p.200, 211, 215, 272, 333
風險偏好 — p.74, 137, 172-175, 178, 211, 245, 263, 265, 267-271, 279, 281, 288, 299, 329
風險組合 — p.27, 28, 33-36, 38, 50, 72-74, 88, 94, 98, 104, 113, 117, 119, 122, 127, 130-134, 138, 140, 143-146, 148, 155, 159, 162, 171-175, 192-195, 199, 204, 207, 211, 215, 216, 232, 245, 167, 268, 273, 291, 333
風險智慧 — p.28, 33, 34, 48, 69, 72, 75, 78, 81, 88-113, 119, 127, 137, 141, 152, 155-158, 165, 166, 170, 177, 179, 184, 189, 190, 207, 209, 210, 218, 220-222, 224-225, 232, 236, 241, 243, 246, 251, 255, 258, 266, 280, 286, 290-292, 319, 320, 326-328, 333
風險雷達 — p.33, 72, 73, 88, 148, 158-169, 327, 328

◎10劃

倫敦鯨 — p.99
兼容經濟 — p.16
哥倫比亞號太空梭 Space Shuttle Columbia — p.74, 75, 108, 197, 243
孫子 — p.281, 282
展望理論 Prospect Theory — p.51
拿破崙 Napoleon — p.42, 108, 182, 183
時代華納公司 Time Warner — p.147
格達費 Gaddafi — p.274, 275
桃莉絲・基恩斯・古德溫 Doris Kearns Goodwin — p.263, 264
海爾・葛瑞格森 Hal Gregersen — p.70
消防局 — p.30, 218-226, 255, 256

烏克蘭—p.278, 280
特殊參與感—p.250
特殊領導力品牌—p.37, 78, 258, 268, 301
眞北 True North—p.233-237, 242, 249, 251, 258, 273, 297, 298
《眞北》*True North*—p.234
眞誠領導—p.38
納西姆・尼可拉斯・塔雷伯 Nassim Nicholas Taleb—p.85, 103
納斯達克 Nasdaq—p.176
紐約和密西西比河谷印刷電報公司 New York and Mississippi Valley Printing Telegraph Company—p.284
《紐約時報》*New York Times*—p.230, 301
索尼公司 Sony—p.292
索林卓 Solyndra—p.141-143, 325,
《財星》*Fortune*—p.285
馬丁・鄧普西 Martin Dempsey—p.184
馬克・魯西奇 Mark Ruzycki—p.219
高盛集團 Goldman Sachs—p.30, 74, 195, 268, 269, 322, 336

◎11劃

動態性—p.27, 28, 84-87
國家災害管理系統 NIMS—p.219, 225
國家洪水保險計畫 National Flood Insurance Program—p.178
國家美式足球聯盟 US National Football League—p.123, 177
國家資本主義—p.15
基因編輯—p.14, 46, 105, 165, 166, 168, 328
基斯・格林 Keith Green—p.48
崔佛・杜普伊 Trevor Dupuy—p.183
強納森・海德特 Jonathan Haidt—p.235, 250, 252
強鹿 John Deere—p.146
情境依賴—p.244
探索型思維—p.250, 253, 295
理查・克拉克 Richard Clarke—p.111, 113, 246
理查・葛爾方 Richard Gelfond—p.55-57
理察・尼克森 Richard Nixon—p.270
第二次後衛行動 Operation Linebacker II—p.270
統合主義—p.16

通用汽車 General Motors—p.30, 132, 134, 135
通用汽車金融服務公司 GMAC—p.134
麥可・海登 Michael Hayden—p.190, 280
麥可・雷諾 Michael Raynor—p.293
麥肯錫公司 McKinsey & Company—p.90, 208, 331
麥馬斯特 H. R. McMaster—p.230, 280

◎12劃

傑佛瑞・桑能菲爾德 Jeffrey Sonnenfeld—p.238
創見公司 Innosight—p.20
博羅金諾會戰 Battle of Borodino—p.42
喬治・米契爾 George Mitchell—p.72, 151-154
喬治・馬歇爾 George Marshall—p.262, 263, 338
喬治・華盛頓 George Washington—p.239
富勒 J. F. C. Fuller—p.156
富國銀行公司 Wells Fargo—p.139, 271-273
富蘭克林・羅斯福 Franklin D. Roosevelt—p.239, 262-264, 338
復興金融公司 Reconstruction Finance Corporation—p.267
惠普 Hewlett-Packard—p.97
《敦克爾克大行動》*Dunkirk*—p.53
斯普林特公司 Sprint—p.244
普丁—p.30, 81, 277-282
普華永道 PWC—p.97
策略性敏捷—p.23, 61, 62, 76, 85, 217, 258, 259, 297, 309
《策略的兩難》*The Strategy Paradox*—p.
策略願景實踐—p.35, 203-227, 235, 331
策略權衡—p.74, 107, 108, 110-112, 125, 135, 141, 157, 171, 172, 209, 210, 219, 223, 239, 262, 268
《華爾街日報》*Wall Street Journal*—p.48
超智慧 superintelligence—p.46, 105
進擊傾向—p.80
量子運算—p.46, 144, 165
量子電腦—p.105, 168
量化寬鬆—p.48, 317
雅虎 Yahoo—p.97
韌性—p.84-87, 95, 119, 177

◎13劃

塔莉・沙羅特 Tali Sharot—p.240

塔爾皮約菁英計畫 Talpiot—p.170
奧爾斯塔特 Auerstedt—p.182
奧瑪・布萊德雷 Omar Bradley—p.301
微軟公司 Microsoft—p.146
微觀管理—p.52, 141, 199, 216, 232
愛爾蘭共和軍 Irish Republican Army—p.150, 151
愛爾蘭共和國—p.150, 151, 154
愛爾蘭自由邦 Irish Free State—p.150
愛德華・克羅克 Edward Croker—p.226
《愛麗絲夢遊仙境》—p.192
感知者—p.191, 194, 196, 216, 331
新芬黨 Sinn Fein Party—p.151
當責—p.80, 97, 218, 248-251
葛蘭戴爾 Glendale—p.219, 226
詹姆士・馬其 James March—p.236
資產分配—p.215, 333, 334
路易斯・卡羅 Lewis Carroll—p.192
道格拉斯・麥克阿瑟 Douglas MacArthur—p.192
道瓊工業平均指數 Dow Jones Industrial Average index—p.106
達爾文—p.243, 247
雷・達里歐 Ray Dalio—p.238
雷吉・恩皮 Reg Empey—p.153
雷恩・蕭 Ryan Shaw—p.27
雷曼兄弟控股公司 Lehman Brothers—p.96, 271, 322
雷諾茲—納貝斯克公司 RJR Nabisco—p.253
預支未來—p.112

◎14劃

團體迷思—p.243
榮・柯辛 Jon Corzine—p.193
漫威 Marvel—p.53
福島—p.111-113, 177, 242, 321
《網路世界》*Cyberworld*—p.56
認知偏誤—p.75, 110
認知敏捷力—p.217
認知模式 Theory of Cognitive—p.190, 191, 331, 195, 196, 216
《領導力》*The Powers to Lead*—p.234

◎15劃

劍橋分析公司 Cambridge Analytica—p.130

◎16劃以上

敏捷：在遽變時代，從國家到企業如何超前部署？

作　　者——里歐．迪爾曼（Leo M. Tilman）&
　　　　　　查爾斯．雅各比（Charles Jacoby）
譯　　者——張簡守展
特約編輯——洪禎璐

發 行 人——蘇拾平
總 編 輯——蘇拾平
編 輯 部——王曉瑩、曾志傑
行 銷 部——黃羿潔
業 務 部——王綬晨、邱紹溢、劉文雅

出　　版——本事出版
發　　行——大雁出版基地
　　　　　　新北市新店區北新路三段207-3號 5樓
　　　　　　電話：(02) 8913-1005　傳眞：(02) 8913-1056
　　　　　　E-mail：andbooks@andbooks.com.tw
劃撥帳號——19983379　戶名：大雁文化事業股份有限公司
美術設計——POULENC
內頁排版——陳瑜安工作室
印　　刷——上晴彩色印刷製版有限公司
2020年 06 月初版
2024年 08 月二版 1 刷
定價　580元

AGILITY: How to Navigate the Unknown and Seize Opportunity in a World of Disruption
by Leo M. Tilman and Charles Jacoby

ISBN 978-626-7465-12-7

國家圖書館出版品預行編目資料
敏捷：在遽變時代，從國家到企業如何超前部署？
里歐．迪爾曼（Leo M. Tilman）& 查爾斯．雅各比（Charles Jacoby）／著　張簡守展／譯
---.二版.— 新北市 ； 本事出版　：大雁出版基地發行，　2024 年 08 月
　面　；　公分. –
譯自：Agility: How to navigate the unknown and seize opportunity in a world of disruption
ISBN　978-626-7465-12-7（平裝）
1.CST:企業領導　2.CST:組織管理
494.2　　　　　　113007469